果园病虫害
防控一本通

柑橘病虫害
绿色防控彩色图谱

张宏宇　李红叶　主编

中国农业出版社

图书在版编目（CIP）数据

柑橘病虫害绿色防控彩色图谱/张宏宇，李红叶主编. —北京：中国农业出版社，2018.5
（果园病虫害防控一本通）
ISBN 978-7-109-23720-9

Ⅰ.①柑…　Ⅱ.①张…②李…　Ⅲ.①柑桔类－病虫害防治－图谱　Ⅳ.①S436.66-64

中国版本图书馆CIP数据核字（2017）第319983号

中国农业出版社出版
（北京市朝阳区麦子店街18号楼）
（邮政编码100125）
责任编辑　阎莎莎　张洪光

北京中科印刷有限公司印刷　新华书店北京发行所发行
2018年5月第1版　2018年5月北京第1次印刷

开本：880 mm×1230 mm1/32　印张：7.125
字数：248千字
定价：39.00元
（凡本版图书出现印刷、装订错误，请向出版社发行部调换）

主　编　张宏宇　李红叶

编　者（按姓氏音序排列）

邓晓玲　胡承孝　李红叶

李运娜　谭启玲　王珊珊

杨植乔　姚志超　袁伊旻

张宏宇　张明艳

前言

　　柑橘是全球第一大水果和第五大贸易农产品，世界柑橘种植面积2017年约为965.2万公顷，产量约为1.47亿吨。我国是世界柑橘的重要起源中心，柑橘栽培历史悠久，现在已是世界上柑橘生产第一大国。2017年全国柑橘种植面积268.88万公顷，产量3 853.32万吨，已成为我国出口创汇，山区扶贫、富民的支柱产业。柑橘产业为促进农民增收、扩大就业和改善生态环境做出了积极贡献。

　　我国柑橘主产区气候多高温多雨，柑橘病虫害种类多、为害重。多年来采用化学防治为主的防治措施，导致害虫抗药性增强；在杀死害虫的同时也杀死天敌，使得一些次要害虫上升为主要害虫；此外，化学防治污染环境，加速环境的恶化。近年来柑橘黄龙病及其传播媒介柑橘木虱不断扩散蔓延，在包括美国、巴西和我国在内的全球柑橘主产区肆虐为害，严重威胁柑橘产业。为了控制黄龙病成灾，许多果农采取所谓的"保险"防治，加大化学农药使用次数和浓度，个别果园每年喷药次数甚至高达20次以上，造成农药过量使用，药害多发，导致成本增加、品质下降、环境污染、害虫抗药性增强等一系列问题。因此提倡绿色防控、精准用药，以减药增效，促进柑橘产业安全、高效和健康发展是当前柑橘产业的紧迫课题。基于柑橘产业的现状和发展趋势，在国家重点研发计划"柑橘化肥农药减施技术集成研究与示范"（2017YFD0202000）和现代农业（柑橘）产业技术体系（CARS-26）的支持下，以及基于笔者2012年出版的《图说柑橘病虫害防治关键技术》，结合国内外柑橘病虫害最新、最实用的绿色防控技术和精准用药技术，编写了本书。希望本书对指导柑橘病虫害绿色防控，实现柑橘化肥农药减施增效，促进柑橘产业安全、高效和健康发展起到应有的作用。全书主要分为六章：柑橘病害识别与防治、柑橘生理性病害识别与矫正、柑橘害虫识别与防治、柑橘病虫害绿色防控技术、橘园科学用药技术和柑橘病虫害防治月历等。本书素材来自实践，以近300幅高清原色生态照片、精炼的文字和通俗的语言，图文并茂地介绍了24种侵染性病害、13种生理性病害和50种（类）害虫的发生规律、识别与绿色防控技术。技术实用，科学准确。重点介绍了绿色防控和精准用药技术的现状、成功经验和成果。

本书不仅对柑橘生产第一线的橘农、农药生产与经销人员、基层科技人员具有重要的实践指导意义，而且对我国柑橘产业链上其他相关人员和高等院校师生都具有一定的参考价值。

由于时间仓促，书中难免存在不足之处，敬请同行专家、学者和广大读者批评指正。

张宏宇

2017年7月于武汉狮子山

目　录

第一章　柑橘病害识别与防治

柑 橘 溃 疡 病

〔病原〕柑橘黄单胞菌柑橘致病变种（*Xanthomonas citri* pv. *citri*）。

〔症状识别〕溃疡病可为害柑橘叶片、枝梢和果实。发病初期在叶背面出现黄色或暗黄绿色针头大小的油渍状斑点，以后逐渐扩大成近圆形，向叶片两面略突起，病部表皮破裂，组织木栓化，粗糙，最后形成中央破裂凹陷，呈火山口状，周围有黄色或黄绿色晕圈的病斑。枝梢受害，病斑近圆形或连合成不规则形，比叶片上的病斑凸起更明显，病斑中间凹陷，如火山口状裂开，但无黄色晕环。果实受害，

溃疡病叶片症状

病斑与叶片上的相似，通常较大，木质化程度比叶片更甚，病斑中央火山口状的开裂也更为显著。病斑只限于果皮上，发生严重时会引起早期落果。

〔发病规律〕病菌在病部组织内越冬，翌年春季当温湿度适宜时，从病斑处溢出菌脓，借风雨、昆虫和枝叶接触进行传播，从嫩叶、新梢或幼果的气孔、皮孔和伤口侵入。此病发生的温度范围为20～35℃，最适为25～30℃。高温多雨季节有利于

病菌的繁殖和传播，台风暴雨造成的大量伤口，是病菌入侵的最好门户。因此，沿海地区每当台风暴雨后，溃疡病常在感病品种上暴发。另外，潜叶蛾、恶性叶甲等害虫为害造成的伤口也可以加重病害的发生。柑橘溃疡病远距离传播主要通过带病苗木、接穗和果实等繁殖材料的调运。柑橘不同品种对溃疡病感病性的差异很大，一般是甜橙类最感病，柑类次之，橘类较抗病，金柑最抗病。

[防治技术] ①实行严格检疫。严禁从病区调运苗木、接穗、种子、果实等。②建立无病苗圃，培育无病苗木。③减少田间侵染源。冬春季做好清园工作，剪除病枝、病叶、病果，并集中烧毁。④加强栽培管理。通过合理施肥及水分管理，增强树势，提高树体抗病能力。合理控梢，统一放梢，秋梢期应及时做好潜叶蛾的防治工作。⑤及时喷药保护。幼龄树以保梢为主，新梢萌芽后10～15天喷第一次药，连喷2次。结果树以保护幼果为主，谢花后10～15天喷第一次药，以后每隔10～15天喷1次，连喷3次。对苗木、幼树应适当增加喷药次数，台风暴雨后要及时喷药防治。药剂可选用77%氢氧化铜可湿性粉剂400～600倍液、0.5%～0.8%等量式波尔多液、30%噻唑锌悬浮剂500～750倍液、50%春雷·王铜可湿性粉剂500～800倍液等。

溃疡病枝梢症状

溃疡病果实症状

柑 橘 黄 龙 病

[病原] 暂定为候选亚洲韧皮部杆菌（*Candidatus Liberobacter asiaticus*）。

[症状识别] 柑橘黄龙病症状类型复杂多样，在生产上主要根据枝梢黄化或叶片斑驳症状来进行诊断。刚开始发病时，植株新抽出的枝梢叶片在接近老熟时停止转绿，在树冠顶部形成明显的"黄梢"。黄梢的叶片有3种类型：斑驳型、均匀黄化型和花叶型。斑驳型是黄龙病最典型和特异的症状，主要表现为叶片从基部和侧脉附近开始变黄，逐渐扩大形成黄、绿相间的不对称斑块。均匀型黄化一般多出现在初发病树的夏、秋梢上，叶片呈均匀黄化。花叶型一般出现在植株感病后期，从病枝上抽出的新叶表现叶脉青绿、脉间组织黄化的花叶症状，与缺锌状相似，称为花叶型或黄龙病二级症状。发病初期果实一般不表现典型症状，当病害发展到一定程度后，果形变小，果皮粗且厚，无光泽，果轴变歪，种子败育。橘类在成熟期常表现为蒂部深红色，底部呈青色，俗称"红鼻子果"。而橙类则表现为果长或呈畸形，果皮坚硬、粗糙，一直保持绿色，俗称"青果"。

[发病规律] 柑橘黄龙病通过带病苗木和接穗的调运作远距离传播，田间传播扩散则是通过柑橘木虱（*Diaphorina citri*）。现有的柑橘栽培品种都不同程度地感染此病，其中，最感病的是蕉柑、椪柑、年橘和福橘；中度感病的品种有温州蜜柑、甜橙、柚和柠檬等；耐病性强的品种为金柑。栽培管理水平高的果园，抽梢整齐、嫩梢老熟快，柑橘木虱繁殖较少，黄龙病发生也较轻，流行速度较慢；反之，黄龙病易流行。

[防治技术] ①严格检疫，严禁从疫区调运苗木及接穗。②建立无病苗圃，培育无病苗木。③及时挖除病株。做法是：定期检查果园，特别是症状明显的秋冬季，逐株检查，发现病株或

可疑病株，立即挖除集中烧毁。挖除病树前应对病树及附近植株喷洒杀虫剂，以防柑橘木虱从病树向周围转移传播。④防治柑橘木虱。柑橘木虱是传播黄龙病的介体昆虫，其卵产在嫩芽上，孵化的若虫就在新梢、嫩叶上取食。防治柑橘木虱抓住新梢萌发期，即在每次新梢抽发至1～2厘米时，全面喷洒1次杀虫剂，以后根据药剂的持效期和柑橘木虱发生量，再喷1～2次。有效药

始发病时树冠顶部枝梢黄化，即为"黄梢"

剂有10％吡虫啉可湿性粉剂2 000～3 000倍液、10％啶虫脒可湿性粉剂3 000～4 000倍液、2％阿维菌素乳油2 000倍液、15％啶虫脒·氯氰菊酯乳油2 500倍液、10％联苯菊酯乳油2 000～3 000倍液、2.5％高效氟氯氰菊酯水乳剂1 500～2 500倍液、21％噻虫嗪悬浮剂3 370～4 200倍液。⑤加强管理，尤其

叶片斑驳症状

枝梢均匀黄化症状

染病橘类在成熟期常表现为蒂部深红色，下部呈青色，俗称"红鼻子果"

新抽出的叶片叶脉青绿、叶肉组织变黄的花叶症状，常称为黄龙病的花叶型黄化，也称二级症状

染病橙类表现为果皮坚硬、粗糙，俗称"青果"

柑橘木虱成虫在植株上取食

是要加强结果树的水肥管理，保持树势旺盛。在综合运用上述措施时，一定要注意集中连片统防统治。

疮 痂 病

[病原] 柑橘痂圆孢（*Sphaceloma fawcettii* Jenk）。

[症状识别] 为害幼叶、新梢和幼果。受害叶片最初产生油渍状小点，后扩大呈蜡黄色斑点。后期病斑木栓化呈灰白色至灰褐色，常向叶背（有时也向叶面）突起呈牛角状，相应一面凹陷呈漏斗状，为害严重时叶片畸形扭曲。新梢病斑也是木栓化突起，常密集成片。幼果在谢花后不久即可发病，在果皮上形成散生或群生的黄褐色木栓化瘤状突起，严重时很快变褐脱落。发病较轻的幼果能继续发育，但病斑处果皮僵硬，果小、皮厚、味酸，严重时畸形。

[发病规律] 病菌在病叶、病梢组织内或芽鳞内越冬。第二年春季气温回升后，分生孢子借助风雨或昆虫传播至当年新生嫩叶、新梢及幼果上，侵染发病。在病斑上形成的分生孢子进行再侵染。适温（15～24℃）和阴雨多湿的环境有利于疮痂病流行，春梢期阴雨连绵，橘园郁闭，雾大露重，往往发病严重。通常橘类最感病，柑类次之，而橙类较抗病。但在南美洲及美国佛罗里达和韩国还存在为害甜橙的柑橘疮痂病近似种——甜橙疮痂病（*S. australis*），主要为害橙类果实，也可为害宽皮柑橘，但一般不为害叶片。

[防治方法] ①结合冬春修剪，剪除病梢病叶并集中烧毁，减少菌源。②喷药保护新梢和幼果。在春梢芽长约2毫米时喷药保护，谢花2/3时喷药保护幼果，如遇低温多雨天气，第二次喷药后隔15天左右再补喷1次。药剂可选用：80%代森锰锌可湿性粉剂600～800倍液、25%嘧菌酯悬浮剂1 500倍液、70%代森联干悬浮剂500～700倍液、10%苯醚甲环唑水分散粒剂2 000～2 500倍液。③新建果园选用无病苗木。病区苗木或接穗可用70%甲基硫菌灵可湿性粉剂1 000倍液浸泡30分钟杀菌。

疮痂病病叶（背面）　　　　　　　疮痂病畸形叶片

疮痂病发病叶片正面呈漏斗状　　　　疮痂病为害幼果及叶片

疮痂病被害果实呈瘤状突起（左）和藓皮状（右）

树脂病、黑点病或沙皮病

[病原] 柑橘间座壳 [*Diaporthe citri* (Fawcett) Wolf]。

[症状识别] ①流胶。多发生在主干分权处或主干上，病部皮层组织松软，病斑灰褐色至深褐色，水渍状，具微小的裂纹，常流出淡褐色后变褐色的胶液。随着病情发展，裂纹加深扩大，病部干枯下陷，死皮层开裂剥落，木质部外露，露出四周隆起的病疤。②干枯。病部皮层红褐色，干枯略下陷，有裂纹，但不立即脱落，也无显著的流胶现象。以上两种病部木质部均变成浅灰色，病健交界处有一条黄褐色或黑褐色的痕带，潮湿时死皮上和裸露的木质部出现许多黑色小点（分生孢子器或子囊壳），严重时引起主枝或全株枯死。③枯枝。衰弱的果枝或受冻的枝梢易发病，顶部呈现明显的褐色病斑，病健交界处常有少量胶液流出，严重时整个枝梢枯死，表面散生无数小黑点（分生孢子器）。④黑点或沙皮。当病菌侵染幼叶、嫩梢和幼果时，形成散生或群生的黄褐色至黑褐色坚硬的胶质针头状小点，早期感染形成的胶质小点突起明显，似砂粒状，摸之粗糙，故也称"黑点"或"沙皮"，发病严重时，小点密集成片如泪痕状或泥块状斑。后期感染形成的小黑点细小，突起不明显。

[发病规律] 病菌以菌丝体和分生孢子器在树干病部及枯枝上越冬，开春温度升高后，产生大量分生孢子器（小黑点）或子囊壳（毛发状物），分生孢子或子囊孢子成熟后，遇潮湿（降雨）时释放，经风雨特别是暴风雨和昆虫等传播至枝干、枝梢、叶片和果实，在适宜温度（5～35℃，最适温度15～25℃）和有水膜时萌发侵入组织。病菌的寄生性不强，在寄主生长衰弱、受冻或受伤情况下才能侵入，病菌从伤口侵入后，迅速扩展至木质部，树皮组织腐烂死亡，其上形成分生孢子器和分生孢子，成为田间再侵染来源。

　　新生组织有较强的活力和抗病力，受侵染细胞及其周围少数细胞很快死亡，周围细胞则增生，分泌植保素，同时柑橘油胞内储存的油质具有抑制或杀死入侵菌丝体的作用，共同阻止病菌进一步扩展。随着新生组织的发育，这些胶质小点逐渐硬化，突出表面，形成所谓的"黑点"或"沙皮"。树龄大，管理粗放，枝干虫害重，

叶片上的"黑点"或"沙皮"

新枝上的"黑点"或"沙皮"

树脂病致树干流胶状

树脂病致枝条枯死

树脂病导致树皮开裂脱落

成熟果实上的"黑点"或"沙皮"

为害严重时病斑聚集成泥浆状

遭受干旱、淹水、日晒，尤其是冻害后，树脂病常发生严重，产生的枯枝也多，黑点病和后期蒂腐病也严重。

[防治方法] ①加强栽培管理，避免树体受伤。在柑橘采收后尽快施一次有机肥，恢复树势；刷白树干和培土，以提高树体的抗冻能力；冬季和生长季剪除病虫枝，携出田外集中烧毁；对修剪和高接换头留下的伤口要先用70%甲基硫菌灵200倍液或伤口专用保护剂，如噻霉酮涂抹，再用保鲜膜包扎，保护伤口。②刮治涂伤。对已发病的橘树，应彻底刮除病组织或纵刻病部涂药治疗，每周1次，连续使用3～4次。药剂有70%甲基硫菌灵200倍液等。③及时喷药保护防治果实黑点。落花坐果后喷1次药，以后视天气情况每隔15～20天喷药1次，连喷4～5次，最好是雨前喷施，遇连续降雨后要及时补喷。最佳的药剂为：80%代森锰锌可湿性粉剂400～600倍液、25%嘧菌酯悬浮剂1 000～2 000倍液、80%克菌丹水分散粒剂400～600倍液、60%唑醚·代森联水分散粒剂1 000～2 000倍液。

炭　疽　病

[病原] 胶孢炭疽菌 [*Colletotrichum gleosporioides* (Penz) Sacc.]。

[症状识别] 常见症状：①急性叶枯型和慢性叶斑型。急性叶枯型常发生在未成熟的新叶上，从叶尖开始迅速向下形成水渍状淡褐色，云纹状的 V 形病斑，病健交界不明显，潮湿时有橘红色黏质小点，病叶很快脱落。慢性叶斑型病斑多出现在成熟叶片的叶尖或叶缘处，多半与受伤有关。病斑圆形或不规则形，灰白色，边缘褐色，病健部分界明显，后期病斑产生轮纹状排列的黑色小点。②果梗枯。病菌为害果梗和果蒂，受害果梗褪绿发黄变褐，最后呈灰白色干枯，果蒂呈红褐色干枯，病果脱落。病害在幼果期即可发生，但以果实开始成熟后发生（9 月后）为多，病果实提早转色并脱落，造成采果前的大量落果。③储运期炭疽。大多从果蒂部（或果实的任一部位）开始形成褐色凹陷干腐状病斑，病斑扩展引起果实腐烂，潮湿时病部产生橘红色黏液。

[发病规律] 病菌在枯枝落叶等病残体上越冬，翌年春季温度回升后产生分生孢子，借风雨和昆虫传播。发病组织当年可产生分生孢子进行再侵染，加重为害。炭疽病菌具有普遍的潜伏侵染特性，外观健康的叶片和新梢组织普遍带菌，内生或表生。栽培管理不善，冻害严重，有机质缺乏，土壤过酸导致树势衰弱，早春低温受冻继而多雨，夏秋季高温多雨等，都会加剧炭疽病的发生。果梗炭疽常与果园肥水不足，结果量太大有关。

[防治方法] ①加强栽培管理。做好肥水管理、防冻和防虫等工作，增施有机肥、菜籽饼肥和石灰等，有条件时可根据土壤营养元素的实际情况，实行氮、磷、钾及微肥的配方施用，以改良土壤，为根系生长创造良好条件；结合清园和周年管理，剪除病虫枝，清理枯枝落叶，集中烧毁，减少病菌来源；及时疏果，控制挂果量，以维护树体的抗病性。②及时施药保护。根据地区和

炭疽病急性叶枯型症状

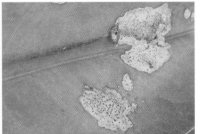

炭疽病慢性叶枯型症状（左）和叶斑型症状（右）

炭疽病果梗被害状　　　　　　　炭疽病幼果果梗被害状

果园历年炭疽病发生情况分别对待。对新梢受害严重的果园，在春梢萌发期和每次新梢抽生期喷药保护。对老果园、采前落果和储藏期炭疽严重的果园，坐果后，结合疮痂病、树脂病的防治，每隔20天左右，喷药1次，连喷3次，尤其要重视梅雨季节的药剂防治。8月下旬或9月初起，视降雨情况再喷药

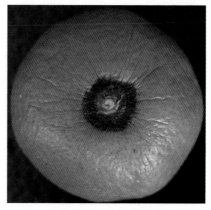

储藏期果实炭疽病症状

2次，以保护果梗和果实。药剂可选用：80%代森锰锌可湿性粉剂600倍液、25%咪鲜胺乳油500～1 000倍液、50%咪鲜胺锰盐络合物可湿性粉剂1 000～2 000倍液、10%苯醚甲环唑水分散粒剂2 000倍液、40%腈菌唑水分散粒剂4 000～6 000倍液等。

黑斑（星）病

[病原] 引起宽皮柑橘、甜橙和柠檬黑斑病的病原为柑橘叶点霉 [*Phyllosticta citricarpa* (McAlpine)]；而引起沙田柚、琯溪蜜柚黑斑病的病原为亚洲柑橘叶点霉 (*P. citriasiana* Wulandari)。

[症状识别] 主要为害果实，也可为害叶片。近年在琯溪蜜柚、沙田柚、夏橙、柠檬和南丰蜜橘上为害较重。病菌在幼果期侵入，待果实近成熟时才显现症状，散生红褐色小点，后扩大成圆形或多个病斑连合形成不规则斑，中央凹陷，从红褐色渐变成灰褐色，最终呈灰白色，病部散生许多黑色小点，病健交界处有深褐色微隆起痕带，外围常有明显的绿色晕圈。柚类和柠檬果实上形成的斑点较小，病斑中央的小黑点也少，病健处隆起不明显，外围常有油渍状的晕圈。在储藏期，条件适宜时，病斑常连接成

片，在柚果上常呈红棕色，最后扩展蔓延至全果。叶片病斑主要出现在老叶上，症状与果实相似。

[发病规律] 病菌在病果、病叶及病枝上越冬。翌年春季，子囊孢子从腐烂的病叶和枯枝上产生，或分生孢子从叶片、果实上产生，经风雨、昆虫传播至幼果并侵入。病菌在谢花期至落花后均可侵入幼果，经历4～6个月的潜伏期，在果实开始成熟时才逐渐表现出症状，8月下旬至10月上旬为果实发病高峰期，11月后病害基本停止发展。

[防治方法] ①结合冬季修剪，剪除病枝叶，清除地面枯枝落叶和病果，集中烧毁，并喷0.8～1波美度的石硫合剂或99%矿物油（绿颖）150～200倍液+10%苯醚甲环唑水分散粒剂500倍液，减少病菌的侵染来源。②喷药保果。必须在落花后15天内喷第一次药，以后每隔15～20天再喷1次，连喷3～4次。药剂可选用：80%代森锰锌可湿性粉剂600倍液、25%嘧菌酯悬浮剂1 000～2 000倍液、10%苯醚甲环唑水分散粒剂2 000～2 500倍液、50%咪鲜胺可湿性粉剂1 500倍液、40%氟硅唑乳油6 000倍液、77%氢氧化铜可湿性粉剂400～600倍液等。

黑斑病病叶

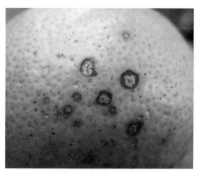

黑斑病病果（夏橙）　　　　　黑斑病病果（南丰蜜橘）

黑斑病病果［储藏前柠檬（左）和储藏期柠檬（右）］

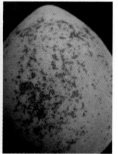

黑斑病柚类受害状（左，中）和储运期柚类受害状（右）

脂点黄斑病

[病原] 灰色柑橘平脐疣孢 [*Zasmidium citri-griseum* (F. E. Fisher) U. Branu & Crous]。

[症状识别] ①黄斑型或脂斑型。发病初期叶背出现针头大小的褪绿小点，半透明，后扩展成大小不一的黄斑，并在叶背形成淡褐色疱疹状突起，散生或群集，随病斑扩展而老化成为褐色至黑色的脂斑，脂斑对应面褪绿，呈蜡黄色斑块，后期也形成黑褐色的脂斑，为害严重时可引起大量落叶。②褐色小圆星型。发生在柚类的夏秋梢、后期感染的春梢以及椪柑和温州蜜柑的叶片上，病斑近圆形，中央初为褐色，后变为灰白色，伴有深褐色的绒毛状物（分生孢子），边缘深褐色。胡柚果实发病形成不规则形黄色斑块，严重时病部突起，在储藏过程中病斑渐变成粉红色，最后呈深褐色，塌陷。

[发病规律] 病菌主要在病叶上越冬，在落叶腐败分解过程中产生子囊孢子为初侵染源。子囊孢子借助风雨传播至叶背，在有水膜条件下萌发从气孔侵入。一般6～8月是病菌侵染的主要季节，发病的高峰期在9～10月。葡萄柚、胡柚、沙田柚、琯溪蜜柚和雪柑等最感病，杂柑、温州蜜柑和椪柑等宽皮橘类抗病力较强。管理粗放、树势衰弱时发病严重。苗木即可发病，但树龄越大发病越严重。

[防治方法] ①清除病叶、病枝及落叶，集中烧毁，通过地面喷施石硫合剂，撒施生石灰或尿素等方法加速落叶腐败，减少菌源。②对树势衰弱，历年发病重的果园多施有机肥，促使树势生长健壮，提高抗病能力。③药剂防治。第一次喷药可选择在5月中旬至6月底，主要保护春梢；第二次和第三次可在7月和8月进行，保护夏梢和幼果。药剂可选用80%代森锰锌可湿性粉剂600～800倍液、20%吡唑醚菌酯乳油3 000倍液、10%苯醚甲环唑水分散粒剂2 000～2 500倍液、50%咪鲜胺可湿性粉剂1 500倍液。0.3%矿物油对脂点黄斑病也有很好的防治效果，但应避免在高温时使用，以免药害产生。

脂点黄斑病叶片症状

脂点黄斑病发病叶片后期形成黑褐色脂斑

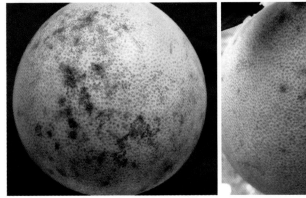

脂点黄斑病果实症状〔琯溪蜜柚〕

脂点黄斑病胡柚果实发病初期症状　　　脂点黄斑病胡柚病果放置2个月后症状

褐 斑 病

〔病原〕互隔链隔孢 [*Alternaria alternata* (Fries) Keissler]。

〔症状识别〕以红橘、瓯柑、椪柑和塘房橘等橘类，以及这些感病橘类与橙和柚的杂交柑橘品种，如贡柑和默科特等品种发病重。尚未完全展开的幼叶发病，病斑褐色，针头状，中央少数细胞崩解，变灰白透明，周围褐色，外围黄色晕圈有时不明显。当温、湿度适宜时，病斑密集，幼叶很快脱落。完全展叶，尚未革质化的叶片发病，病斑褐色、不规则形、大小不等，周围有明显的黄色晕圈，褐色坏死常沿着叶脉上下扩展，使病斑常呈拖尾状，发病叶片也极易脱落。尚未木质化的幼梢发病，很快变黑褐色萎蔫枯死，木质化后的新梢发病形成褐色下陷的病斑。刚落花的幼果和转色后的果实均可发病，形成凹陷、黑褐色斑点，病果很快脱落。膨大期或转色后的果实发病产生褐色凹陷病斑，中间渐变灰白色，周围有明显的黄色晕圈，病果大多脱落或失去商品性。此外，果实上还可产生微突起、木栓化痘疮状的斑点。

[发病规律] 病菌以菌丝、分生孢子在病组织（叶片、枝梢和果实）上越冬，条件适宜时产生的分生孢子借气流传播至寄主组织，在适宜条件下（感病品种、27℃左右和高湿）病害的潜育期很短，感染后16～24小时就可出现症状，新病斑很快产生分生孢子进行再侵染，加重病情。不仅菌丝，萌发中的分生孢子即可产生寄主专化性毒素，致使叶片、果实很快脱落和新梢枯死。

[防治方法] ①结合修剪，剪除病虫枝，携出园外，集中烧毁，并喷石硫合剂或矿物油加苯醚甲环唑等杀菌剂清园。②适当稀植，合理修剪，保证通风透光。③合理施肥，控制氮肥以避免过量抽梢，促进幼梢成熟。④及时喷药保护。春梢和幼果期为防治重点时期，春梢展开1～5厘米时喷第一次药，以后每隔10天左右喷1次，直到5月中下旬，春梢老熟，气温升高。药剂可选用0.5%～0.8%等量式波尔多液或77%氢氧化铜可湿性粉剂400～600倍液、25%嘧菌酯悬浮剂1 500倍液、20%吡唑醚菌酯乳油3 000倍液、30%唑醚·戊唑醇或苯甲·吡唑醚悬浮剂2 000～3 000倍液、50%异菌脲可湿性粉剂1 500倍液。

褐斑病木栓化的病斑

褐斑病叶片症状（中间照片由程兰提供）

褐斑病枝梢症状（蔡明段提供）

褐斑病果实症状（程兰提供）

轮　斑　病

〔病原〕柑橘拟隐壳孢（*Cryptosporiopsis citracarpa*）。

〔症状识别〕目前仅在陕西汉中地区发现。发病初期叶面产生红褐色针头大小的斑点，后逐渐扩大，变成圆形或近圆形的病斑，直径1.1～13毫米不等，红褐色，中央渐变灰白色，叶片背面病斑边缘有明显的油渍状晕圈。后期叶片正面病斑中央密生黑褐色茸毛状小点，轮纹状排列。严重时，2～3个病斑连合成一个大斑，发病叶片极易脱落。枝梢发病病斑与叶片上的类似，严重时可引起枯梢，甚至全株枯死。

〔发病规律〕当年新生的叶片和枝梢在12月左右出现症状，并逐渐加重，1～3月为发病高峰，病叶在3～4月基本落光，严重时枝梢也枯死。其他发生规律尚不清楚。

〔防治方法〕尚不清楚。

轮斑病叶片症状

轮斑病病叶（右图为后期症状）

轮斑病枝梢症状

脚 腐 病

[病原] 柑橘褐腐疫霉 [*Phytophthora citrophthora*（Smith）Leonian] 和烟草疫霉（*P. nicotianae* Breda）。

[症状识别] 主要为害根颈部（土表上下10厘米），病部皮层呈水渍状腐烂，有酒糟味，常渗出褐色黏液，病斑扩展引起木质部变褐坏死。高温多雨季节，病部沿主干上下扩展迅速，引起枝干、主根、侧根及须根大面积腐烂。病部横向扩展可使根颈部树皮全部腐烂，形成环割状，导致全株性枯死。在高温干燥条件下，病斑停止扩展，树皮干缩，开裂翘起甚至剥落。病树树冠叶片变小、无光泽并变黄，沿中脉及侧脉变金黄色，极易脱落。

[发病规律] 病菌以菌丝体和卵孢子在病组织或土壤中越冬。生长季节主要通过雨水飞溅、灌溉水流动和农事操作等传播，从植株根颈部侵入。砧木种类间抗病性差异很大，甜橙、柠檬、檬檬砧易感病；而枳、酸橙、酸橘、红橘砧高度抗病。嫁接部位过低，嫁接口埋在土壤中，易发病。地势低洼，未起垄栽培，排水不良，根围积水，以及土质黏重的果园发病较重。

[防治方法] ①利用抗病的枳、酸橙、酸橘、红橘作砧木，对初发病病株可用枳壳靠接换砧。②适当提高嫁接部位，栽植时使嫁接口露出土面。③低洼易积水地块应该起垄栽培，并开深沟，以利排水。④初发病株，扒开根颈部土壤，用利刀彻底刮除病部腐烂组织后，纵刻裂口数条（间距0.5～1厘米），深达木质部，选择25%甲霜灵·锰锌可湿性粉剂100～200倍液、50%三乙膦酸铝·锰锌可湿性粉剂100倍液、1：1：10波尔多浆、21%过氧乙酸20倍液等杀菌剂涂抹病部，并消毒周围土壤。如果挖除主干周边带菌土壤，填上河沙新土，效果更好。也可使用甲霜灵·锰锌或三乙膦酸铝·锰锌等药剂于每年春秋两季浇根处理。

脚腐病病树木质部变褐坏死　　　　脚腐病病枝干呈水渍状腐烂

脚腐病病树叶片变黄脱落

灰　霉　病

[病原] 灰葡萄孢（*Botrytis cinerea* Pers）。

[症状识别] 主要为害花瓣，然后蔓及整个花器和幼果，导致幼果脱落或形成难看的疤痕。多雨或天气潮湿时花瓣发病，初生褐色小点，病斑扩大后使整个花瓣甚至花器变褐湿腐，密生灰褐色霉层。霉烂花瓣不易脱落，易黏附幼果，病菌形成菌丝垫感染幼果，重者幼果变褐脱落，轻者表皮少数细胞塌陷，形成坏死斑，随着果实长大，塌陷的坏死斑因其下细胞增生，而将坏死细胞顶出，形成木栓化颗粒状、斑块状、脊背状突起斑。尽管带疤痕的果实内在品质不受影响，但商品性下降。储藏期果实也可感染灰霉菌，呈褐色水渍状腐烂，其上密生灰褐色霉层。

[发病规律] 病菌以菌核在土壤或病残体内越冬越夏。病菌的寄主广泛，橘园间种的很多蔬菜和杂草均是灰霉病菌的自然寄主。病菌耐低温，在 7～20℃时均可产生大量分生孢子，通过气流传播，15～23℃，相对湿度90%以上或花瓣表面有水膜时易发病。花期遇寒流，连日阴雨或多露水，果园郁闭，通风不良，湿气排放不畅，有利于病害发生和流行。

[防治方法] ①做好开沟排水工作，合理修剪，保证果园通风透光，以便雨后的湿气或露水能及时排放。谢花期，摇动树枝，促使花瓣脱落。②花期遇多阴雨天气，应及时抢晴天喷药保护。有效药剂有：50%异菌脲可湿性粉剂1 500倍液、40%嘧霉胺悬浮剂1 000倍液、25%嘧菌酯悬浮剂1 500倍液、20%吡唑醚菌酯乳油3 000倍液等。

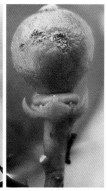

灰霉病花瓣症状　　　　　　　灰霉病霉烂花瓣黏附幼果及幼果果皮受伤状

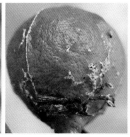

灰霉病幼果膨大期症状

储藏果实染灰霉病后腐烂

煤 烟 病

[病原] 真菌病原超过30多种，主要有：柑橘煤炱（*Capnodium citri* Berk. et Desm.）；巴特勒小煤炱（*Meliola butleri* Syd.）；刺盾炱（*Chaetochyrium* spp.）。其中柑橘煤炱为寄生菌，其他均为植物表面附生菌。

[症状识别] 又称煤污病，受害叶片、枝梢或果实表面初期出现灰黑色小霉斑，随后霉斑扩大形成灰色至黑色霉层，严重阻碍光合作用，削弱树势，影响开花、结果和果实品质。

[发病规律] 病菌以菌丝体、子囊壳或分生孢子器在病部越冬，翌年春天，子囊孢子或分生孢子借风传播至昆虫（蚜虫、介壳虫、粉虱等）的分泌物上，生长繁殖后形成霉层。病菌随害虫活动而辗转为害。通常5～6月和9～10月发病最重，与此间柑橘粉虱、蚜虫等的发生与防治不力有关。种植过密，郁闭多湿的果园，病害发生严重。春夏之交多雾、少雨而多露，往往发病严重。

[防治方法] ①栽植过密的果园，及时疏树、疏枝。②适时防治粉虱类、介壳虫类和蚜虫（参考虫害的防治技术）。③冬春季清园时，喷施99%矿物油100～150倍液或松脂合剂8～10倍液，也可雨后对叶面撒施石灰粉，可促使霉层脱落。

煤烟病叶片被害状

煤烟病果实症状

膏 药 病

[病原] 白色膏药病病原为柑橘白隔担耳菌 [*Septobasidium citricolum* Saw.]；褐色膏药病病原为卷担菌属真菌 [*Helicobasidium* sp.]。

[症状识别] 主要为害枝干和枝梢，产生圆形或不规则形病菌子实体，如贴着的膏药般。白色膏药病患部菌膜表面平滑，呈乳白色，严重时菌膜包围枝条。褐色膏药病患部呈丝绒状，褐色，周缘具狭窄的灰白色带。

[发病规律] 病菌以菌丝体在病部越冬，翌年春、夏季，湿度适宜时，菌丝继续生长形成子实层，产生担孢子，借气流和昆虫（介壳虫、蚜虫）传播。病菌以介壳虫、蚜虫分泌的蜜露为养料，故介壳虫、蚜虫为害严重的果园，膏药病也常发生严重。果园郁蔽潮湿、管理粗放，常发病严重。

[防治方法] ①剪除过密的荫蔽枝、染病枝，保持果园通风

透光良好。②在介壳虫孵化盛期及蚜虫发生期，及时喷药防治。
③用竹片和小刀刮去病部菌膜，涂抹1波美度石硫合剂或波尔多浆
[比例为硫酸铜∶石灰∶水＝1∶1∶(10～15)]，4～5月和9～10
月雨前或雨后涂刷1～2次效果最佳。

膏药病菌丝体密布枝条

地 衣 病

[病原] 地衣是真菌和藻类的共生物，常见的有叶状、壳状和
枝状地衣。

[症状] 在被害的柑橘树干、枝条和叶片上，有一层表皮粗糙
的灰绿色叶状、壳状、枝状和不规则的表皮寄生物，即为地衣。
严重时常可包围整个树干。叶状地衣扁平，边缘卷曲，为灰白色
或淡绿色，有褐色假根，常连接成不定型薄片。壳状地衣像一块
膏药，贴在枝干上，灰绿色，上有许多小黑点，有些长在叶片上，
为灰绿色的小圆斑。枝状地衣淡绿色，呈树枝状，直立或下垂如
丝，有分枝。

[发病规律] 地衣以营养体在柑橘枝干和叶片上越冬，翌春分

裂成碎片进行繁殖，通过风雨传播。地衣的发生发展与环境条件、栽培管理、树龄大小都有密切的关系。其中以温、湿度对地衣的生长蔓延影响最大。潮湿、温暖的环境有利于繁殖蔓延。地衣一般在气温上升到10℃左右时开始生长，阴雨连绵的春季和初夏及梅雨季节生长最快，干燥酷热的夏天发展缓慢，秋季又能继续生长，寒冷的冬季发展缓慢，甚至生长趋于停止。柑橘管理粗放，通风透光不良，土壤黏重，杂草丛生，树势衰弱，阴山和平地及易遭洪水冲刷的地方，均有利于地衣的发生。

[防治方法] ①加强栽培管理，降低果园湿度，增强树势。②结合修剪，剪除发病枝条，或在早春清园时喷布松碱合剂（清园时用8～10倍液，生长期用12～15倍液）、0.8%～1%等量式波尔多液或1%～1.5%硫酸亚铁溶液。也可在患部涂上3～5波美度石硫合剂、10%波尔多浆或10%～15%石灰乳。如果能在雨后用刀、竹片等刮除枝干上的地衣后再涂药，效果会更好。

壳状地衣

绿藻病（青苔）

[病原] 附生绿球藻（*Chlorococcum* sp.）。

[症状识别] 多在树冠下部叶片、枝干和果实上形成一层致密的绿色附着物，严重时中上部枝梢、叶片和果实也可发病。发病严重时阻碍叶片光合作用，影响树势及下部枝条的开花结果，同时也影响果实的外观品质和销售。

[发病规律] 全年均可发生，而以多阴雨、潮湿、温暖的季节发病重。地势低洼易积水的果园及树冠交叉密集郁闭的果园易发生。绿藻可随风飘散，果园一旦发生则逐渐扩散蔓延，管理粗放、树势差的果园，中下部叶片可全披上一层绿色的青苔。

[防治方法] ①做好开沟排水工作，剪除过密的荫蔽枝、染病枝，增强通风透光性，降低果园和树冠内的湿度。②慎施叶面肥，一些富含氮、磷、钾的叶面肥极易使绿藻滋生。③树干涂白，不仅可减轻绿藻病，对树脂病等也有很好的防治作用。④采果后用0.8～1波美度石硫合剂，或99%矿物油100～150倍液喷布叶片和树干清园，也可用50%代森铵水溶液250倍液+95%碳铵15倍液+99%矿物油150倍液喷布树冠。喷雾要均匀周到，整个果园都要喷到。⑤生长季可在使用波尔多液等铜制剂防治疮痂病等病害时防治，也可使用80%乙蒜素乳油1 000倍液或50%代森铵水溶液250倍液防治。也可在叶片表面有水时撒布石灰粉防治。

绿藻病叶片症状和果实症状

绿霉病、青霉病

〔病原〕绿霉病病原为青霉（*Penicillium digitatum* Sacc.）；青霉病病原为意大利青霉（*P. italicum* Wehmer）。

〔症状识别〕绿霉病和青霉病症状类似，最初在果面上出现水渍状淡褐色圆形病斑，迅速扩展，表面先长出白色菌丝，并很快变为绿色霉层（绿霉）和蓝色（青霉）霉层。除霉层颜色不同外，绿霉病引起的病斑白色菌丝环较宽，青霉病引起的白色菌丝环较窄；绿霉病散发芳香气味，腐烂较快，病部易与包裹纸或其他接触物黏结。青霉病散发霉味，腐烂较慢，烂果不粘包果纸和其他接触物。

〔发病规律〕两种病菌均可在各种有机物上腐生生长，并产生大量分生孢子扩散在空气中，借助气流传播。病菌通过伤口侵入果实。采果前多雨，采摘、包装、运输过程中受伤多，以及储藏库气温高、湿度大、通风不良，均有利于病害的发生。

〔防治方法〕①减少果实受伤。选择连续晴天，露水干后采摘；采摘时剪口短平，轻采轻放，用棉布、皮革等柔软材料衬垫装果容器，减少果实机械损伤。②采收后的果实应堆放在阴凉通风处预储4～6天，使果皮变软后再入库储藏。③药剂防治。可以在采果前7～10天，对准果实喷施双胍辛胺乙酸盐类杀菌剂（日本做法）。国内做法一般都是在采后24小时内用药剂浸果

青霉病病果表面的蓝青色霉层

1～3分钟，也有的将药剂与果蜡混合后处理果实。药剂有：50%抑霉唑乳油1 000～2 000倍液、25%咪鲜胺乳油500～1 000倍液、40%双胍辛胺乙酸盐可湿性粉剂1 500倍液。④果实进库前10～15天，对储运用具及储藏库进行消毒处理，可用硫黄（每立方米空间10克）熏蒸消毒24小时，或用福尔马林1：40倍液喷射，封闭消毒。⑤塑料薄膜单果包装，避免接触扩散。⑥有条件的储藏库控制温湿度，湿度80%～85%为宜，甜橙以1～3℃为宜，温州蜜柑和椪柑则为7～11℃，注意通风换气。

绿霉病果实染病初期症状

绿霉病病果表面的绿色霉层

黑 腐 病

[病原] 柑橘链隔孢（*Alternaria citri* Ellis & N. Pierce）。

[症状识别] 储藏期病害。有三种症状：①蒂腐型。多从蒂部开始发病，呈现水渍状淡褐色病斑，病斑扩大并向内部深入，病斑表面长出初为灰白色，很快转变成墨绿色的霉层。②心腐型。病菌早期从花柱和幼果果脐部侵入，潜伏于果心，果实成熟后，外表不显示症状，但果心内部腐烂，长出大量墨绿色霉层，并向瓤瓣蔓延，最终引起全果变褐溃烂。③干疤型，发生于果皮，病斑深褐色，病健交界明显，革质干腐状，手指按压不破，病斑上极少见霉层，极易与炭疽病干疤型症状混淆。多发生在失水过多的温州蜜柑上。

[发病规律] 病菌以分生孢子在掉落的病果或以菌丝体潜伏于枝叶芽鳞内越冬。翌年温度适宜时，分生孢子借风雨传播至花器和幼果，从柱头、果脐、果蒂或伤口侵入并潜伏，待果实成熟时发病。储藏期发病的多数果实在田间已经被感染，储藏室内高温高湿有利于病害的发展，病果上产生分生孢子，可继续侵染临近的果实，加重发病。排灌不良，栽培管理较差，树势衰弱的柑橘园，或遭受日灼、虫伤、机械损伤的果实，伤口较多，易受病菌侵染。

[防治方法] 采前结合疮痂病、黑点病等病害的防治同时进行，采后防治参见"绿霉病、青霉病"部分。

黑腐病病果蒂腐型

黑腐病病果心腐型

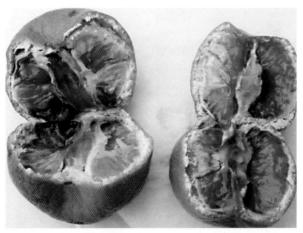

黑腐病病果内部症状

褐色蒂腐病

[病原] 柑橘间座壳 [*Diaporthe citri* (Fawcett) Wolf]。

[症状识别] 储藏期病害。开始时为环绕蒂部的水渍状褐色斑，病部向下扩展，边缘呈波纹状，病部果皮较坚韧，用手指轻

压病部，有革质柔韧感。由于病果果心腐烂较果皮快，当果皮变色扩大至果面1/3～1/2时，果心已全部腐烂，故有"穿心烂"之称。烂果中柱长满白色的菌丝。

〔发病规律〕病原在田间引起树脂病和果实黑点病（详见"树脂病"内容），蒂部带菌，果实在储运期发病形成褐色蒂腐病。

〔防治方法〕采前防治参考"树脂病"，采后防治参见"绿霉病、青霉病"。

褐色蒂腐病病果环绕果蒂呈水渍状病斑　　褐色蒂腐病病果表面产生白色菌丝体

褐色蒂腐病病果内部白色菌丝

酸 腐 病

〔病原〕白地霉（*Geotrichum citri-aurantii*）。

〔症状识别〕储藏期病害。初期病部果皮呈水渍状淡黄色至黄褐色圆形病斑，极度软腐，手指碰到即破，果皮极易削离，病果表面可长出很薄的白色霜状霉层。多数情况下，病果来不及长出白霉就迅速变为烂柿子状的黏湿团，溃不成形，难以用手捡起。病果流出的汁液散发出强烈的酸臭气味。

〔发病规律〕酸腐病菌是一种土壤腐生菌，通过雨水飞溅污染果实，并从伤口侵入。腐烂果实流出的汁液（含大量的病菌分生孢子）可引起再侵染，加重发病。采果前多雨，果实受伤，以及储藏库气温高、湿度大、通风不良，有利于发病。

〔防治方法〕采收及采后的处理参照"青霉病、绿霉病"，防止果实受伤。及时药剂浸果，可选40%双胍辛胺乙酸盐可湿性粉剂1 500倍液和25%咪鲜胺乳油750倍混合液浸果处理。储藏库注意通风，及时清除病果和流出的汁液。

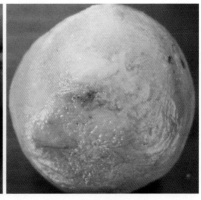

酸腐病病果表面的白色霜霉层（左）和烂柿子状病果（右）

疫霉褐腐病

[病原] 病原与脚腐病相同，即柑橘褐腐疫霉 [*Phytophthora citrophthora*（Smith）Leonian] 等。

[症状识别] 田间多发生于树冠下部近地面的果实上，带菌果实在储藏早期发病，在果实顶部或果肩周围形成淡褐色小斑，后迅速扩展呈圆形褐色斑。空气干燥时，病斑坚韧，手指按下稍有弹性；潮湿时病斑呈水渍状软腐，长出白色稀疏菌丝，并伴有酸臭味。病菌只侵染白皮层，不烂及果肉。

[发病规律] 详见"脚腐病"。

[防治方法] ①加强栽培管理，保持果园通风透光良好，避免果园积水。②保护树冠下部果实，可在果实转黄时，用竹竿等将近地面树枝撑离地面1米以上。或在地面铺草，塑料薄膜，防止土壤中的病菌经雨水飞溅至枝叶或果实上。③大雨前后可预先喷药保护，药剂可用50%甲霜灵·锰锌可湿性粉剂500 ~ 600倍液、53.8%氢氧化铜干悬浮剂900倍液、57.6%氢氧化铜干粒剂1 000倍液、20%噻菌铜悬浮剂500倍液，喷洒下部树冠及地面。

疫霉褐腐病近地面果实症状

潮湿时疫霉褐腐病病果上形成的白色霉层（左、中）和天气转晴后霉层变干（右）

根 霉 腐 烂 病

[病原] 葡枝根霉（*Rhizopus stolonifer*）。

[症状识别] 最初在果实伤口处产生褐色水渍状斑点，病斑迅速扩展，最终整个果实软腐。腐烂果实上密布灰色菌丝，菌丝顶端形成黑色球状物（孢子囊）。

[发病规律] 病菌在土壤或储藏库的基物上腐生，通过雨水飞溅等途径传播到果实上，条件适宜时经伤口侵入果实引起发病。病菌产生的菌丝蔓延可继续为害临近的伤果，菌丝顶端产生的孢子囊释放的孢囊孢子也能引发再侵染。消毒不干净、湿度大的储藏室容易引发此病。

[防治方法] 可参考"绿霉病、青霉病"的防治方法。做好储藏室的消毒。

根霉腐烂病病果

衰 退 病

[病原] 柑橘衰退病毒（*Citrus tristeza virus*，CTV）。

[症状识别] 主要为害以酸橙做砧木的柑橘，表现为：①茎陷点。嫁接口上部主干树皮呈陷点或条状凹陷条沟，削开树皮，陷点更明显，严重时枝干木质部呈"蜂窝"状陷点，外表还生许多刚毛状突起小刺。②衰退型。发病初期树冠很少抽发新梢，老叶失去光泽，呈现灰褐色或不同程度的黄化，不久老叶逐渐黄化脱落，枝梢自顶向下逐渐枯死，根系枯死腐烂。2～3年后，全树枯死（慢性衰退）。有的病树在现症后几个月内就迅速凋萎枯死，叶片仍挂在树上，称为急性衰退病（速衰）。③黄苗型。一般在嫁接当年就显症，所抽发的上部叶片主侧脉附近绿色，脉间叶肉黄化呈花叶状，与缺锌相似，严重时病苗自上而下枯死。

[发病规律] 该病害通过带毒的苗木和接穗远距离传播；在田间则主要通过橘蚜、棉蚜、橘二叉蚜、绣线菊蚜等蚜虫传播，也可经嫁接传播。其中橘蚜的传病力最强，病毒侵入寄主后，一般先从顶部往下运行，破坏砧木的韧皮部，阻碍养分输送，引起根部腐烂死亡，然后引起地上部发病。以酸橙（如兴山酸橙，代代酸橙）等作砧木的甜橙高度感病，以酸橙作砧木的宽皮柑橘也感病。而以枳、酸橘、红橘、枳橙和粗柠檬作砧木的甜橙和宽皮柑橘都较耐病。

[防治方法] ①引进的苗木和接穗要严格实行检疫，防止病原传入。②选用耐病砧木，如枳、枳橙、酸橘、红橘和粗柠檬作砧木可以减轻病害的发生及为害。③用弱株系交叉保护。即在病区中的苗木预先接种弱毒株系，可避免日后植株受强度株系的感染。④初发病果园，及时彻底挖除病株。⑤及时防治传病媒介昆虫蚜虫。

衰退病嫁接口上部树皮凹陷条沟

衰退病橘树嫁接处内皮层
"蜂窝"状凹陷

衰退病病树木质部凹陷

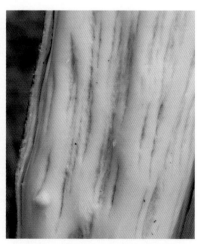

衰退病病树木质部刚毛状突刺

衰退病病树叶片黄化呈花叶状

衰退病病树上部枝条纤细，叶片脱落，枝梢枯死

裂 皮 病

〔病原〕柑橘裂皮病类病毒（*Citrus exocortis viroid*，CEV）。

〔症状识别〕以枳、枳橙和橼檬作砧木的柑橘植株感染后症状明显，而大多数砧木品种如酸橘、红橘、甜橙、酸橙、粗柠檬等均无可见病状，即隐症带毒。裂皮病的一般症状为病树砧木部分外皮纵向开裂，翘起，在树皮下可见少量的胶液。多数病树在接穗和砧木接合部有环形裂口。病树生长受抑制，植株矮小，新梢少而弱，枝叶稀疏，叶片比正常小，严重时还出现小枝枯死，病树开花较多，但落花落果严重，产量低。

[发病规律] 裂皮病病株及隐症带毒植株是侵染来源。病原类病毒随苗木、接穗远距离传播，通过嫁接、受污染的工具近距离传播。

[防治方法] ①严格实行检疫，防止病苗和病接穗传入无病橘区。对症状明显，生长衰弱，已无经济价值的病树，应及时砍除。②严格选择不带病采穗母树，采用耐病砧木，培育和种植无病苗木。③嫁接刀、修枝剪等工具用1%次氯酸钠或漂白粉10倍液消毒。

裂皮病病树外皮纵向开裂，翘起

裂皮病接穗和砧木接合部的环形裂口（引自 Guido Herrera）

碎 叶 病

[病原] 柑橘碎叶病毒（*Citrus tatter leaf virus*，CTLV）。

[症状识别] 主要为害以枳及其杂种（如枳橙）作砧木的柑橘树。发病后在砧穗接合处出现环状缢缩，接口附近的接穗部肿大，当受强风等外力作用时，病树砧穗接合处易断裂。病株叶脉黄化，植株矮化，数年后常黄化枯死。枳橙实生苗感病后，新叶上出现黄斑，叶缘缺损，植株矮化。摩擦接种到草本寄主昆诺藜上时产生褪绿斑。

[发病规律] 柑橘碎叶病毒的寄主范围很广，但只有感染敏感砧木寄主如枳、枳橙、枳檬、枳金柑和厚皮来檬砧木时才表现明显的症状，而其他品种，如甜橙、酸橙、柠檬和粗柠檬受感染后不表现症状。病原远距离传播主要通过带毒苗木和接穗，田间传播则主要通过被污染的刀剪等工具，菟丝子也能传播该病毒，但尚未发现传毒昆虫。

[防治方法] ①选择、培育无病毒母株，定植无病毒苗木。②靠接换砧，使病树复原。采用靠接耐病砧木的办法可使已受碎叶病侵染并表现嫁接部障碍的病树恢复树势。③消毒工具，防止田间传播。在嫁接、修剪、采穗时，工具先用20％家用漂白粉液或1％次氯酸钠液浸泡消毒，并立即用清水冲洗后方可使用。

碎叶病新叶上的黄斑，叶缘缺损
（引自 Koizumi）

碎叶病嫁接口附近的接穗部肿大（引自 Koizumi）

接种昆诺藜产生褪绿斑
（引自 Koizumi）

第二章　柑橘生理性病害识别与矫正

干　旱

[症状识别] 柑橘叶片中午萎蔫或卷缩，早晚平展；叶片卷曲、枯黄，老叶脱落，严重时果实萎蔫、树体死亡；树盘土壤干燥裂缝，易导致果实日灼伤。另外，干旱使土壤中的矿质养分元素不能被柑橘吸收利用，从而引起柑橘树体的各种缺素症。所以缺素症容易出现在干旱年份及干旱季节。

[发生原因] 当土壤相对含水量<50%（田间最大持水量的50%）时，因土壤水势减小，柑橘根系无法从土壤中吸收水分。主要表现为：①土壤干旱。较长时间内无雨或少雨季节性干旱，又没有进行灌溉，柑橘园土壤水分被消耗殆尽。②大气干旱。高温且空气干燥，空气湿度小，会导致柑橘植株水分失调从而出现叶片卷曲枯萎。③生理性干旱。低温或水涝时，树势弱或根系大量死亡的柑橘，对水分吸收能力变小，使吸收的养分低于树体蒸腾作用所消耗的水分。

[预防与矫正] ①及时灌溉。树体出现明显萎蔫症状前进行灌溉。灌溉时间最好在清晨或傍晚，避免中午气温高时灌溉，避免因树体的生理性失水导致树体萎蔫死亡。②加强果园覆盖或果园自然生草。对柑橘园中耕松土后，用草覆盖树盘土壤，减少水分蒸发。③施用有机肥、平衡施肥、肥料深施，促进深层根系生长，增强土壤的保墒能力以及树体的抗旱能力。

柑橘园干旱症状

冻 害

[症状识别] 柑橘叶片如烫伤般叶色褐变，叶片卷曲，逐渐干枯至死亡。根据受冻害程度，对柑橘的影响程度不一，影响当年产量甚至当年无产量。

[发生原因] 冰点及以下温度，造成细胞内结冰，植株代谢失调，细胞间隙结冰，使蛋白质变性或凝胶化，从而使柑橘叶片、枝条甚至茎受到伤害。

[预防与矫正] ①冻前防控技术：冻害天气来临前，及时灌水并排水以提高土壤的热容量，树根培土以减少低温对根颈的损伤；树干涂白以减少昼夜温差大对树干的伤害；叶面喷施海藻酸、磷酸二氢钾、腐殖酸、氨基酸等药剂以增强树体的抗性；喷施聚乙烯醇等高脂膜，使其在柑橘树体外成膜而防寒。②冻后措施：喷水洗树并敲打雪冰，橘园烧草、木屑等生烟，喷施海藻酸、磷酸二氢钾、腐殖酸、氨基酸等药剂，树冠覆盖塑料薄膜、草帘等，去除干枯叶及枝条，抹芽控梢，并做好施肥措施。

柑橘冻害症状

灼　伤

[症状识别] 高温季节，柑橘枝干叶片发黄并落叶，果实表皮向阳面变红变黄，表面粗糙不平。一般多发生在树体的向阳面，受日照时数较长的果实和枝干上。

[发生原因] 在高温天气的中午和下午，受到阳光直射的柑橘局部温度急剧上升，当上升到40℃以上时，叶片的叶绿素便逐步分解，叶色变淡或发黄，雨后大量落叶；果实受害部初呈死灰青色，后为黄褐色，果皮生长停滞，粗糙变厚，有时发生龟裂使果实畸形，严重影响果品的质量；受害的柑橘枝干表皮变黄，变红，出现龟裂现象，直至皮层组织坏死。

[预防与矫正] 高温干旱时橘园不要使用石硫合剂，因药液在果面凝聚会诱发和加重果实日灼；高温干旱时及时灌水，以调节土壤水分和果园内的小气候；受害果实用白色小纸片或1：20的石灰浆覆盖受害部位，受害轻的果实数日之后便可恢复正常；树干树枝涂白能反射光线和减小昼夜温差。

柑橘灼伤叶片症状　　　　　　　　柑橘灼伤果实症状

缺氮及氮过量

[症状识别] 新梢抽发少且叶片小而薄，老叶发黄直至全叶发黄，树势弱。枝叶稀少而细小；叶片薄黄，呈淡绿色至黄色，以致全株叶片均匀黄化，提前脱落；严重时，枯梢，树冠光秃；花芽分化少，坐果率低，果小，果皮苍白光滑，常早熟。

[发生原因] 不施氮肥或氮肥施量少；土壤速效氮含量低，土壤供氮能力不能满足柑橘生长需求；多雨易致氮流失而缺乏；干旱及渍水都会导致作物缺氮；偏施钾肥也易诱发缺氮。

[预防与矫正] 确定合理的氮肥施用量、施用时期以及施用方法；多施有机肥，增加土壤保肥能力；不要偏施钾肥。氮肥用量一般在0.5～1.2千克/株，分2～4次施用，最好沟施或穴施或对水施用；也可叶面喷施1%～1.5%的尿素。

[氮过量] 枝叶繁茂，树势生长过旺，夏秋梢旺盛，叶色浓绿，多为徒长枝，花少果少，果实变旺，果皮加厚，着色不良，含糖少，不耐储藏，严重时会导致缺钾和缺钙。

柑橘缺氮叶片症状

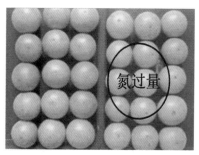

氮过量

柑橘缺氮果实及叶片症状　　　　柑橘氮过量果实症状

缺磷及磷过量

[症状识别] 老叶片变为淡绿色至暗绿色或青铜色，失去光泽，下部叶片发紫以致早落；枝条细弱，新梢上有小而窄的稀疏叶片，叶片狭小，密生；果小皮厚而粗糙，无光泽，出现皱皮，味酸。

[发生原因] 土壤磷含量或磷有效性低，如过酸的红壤、黄壤土；偏施氮肥或磷肥施用量不足；干旱、低温季节土壤磷不能及

时向根际移动。

　　[预防与矫正] 过酸土壤通过施用石灰类肥料矫正土壤酸度，并选择施用碱性的钙镁磷肥，并通过重施有机肥提高土壤磷的有效性；干旱季节注意灌溉，防止土壤干旱导致缺磷。磷肥施用量：过磷酸钙0.5～1.0千克/株，分2～4次施用；酸性土则施用钙镁磷肥；或者叶面喷施0.5%～1.0%过磷酸钙或1%磷酸铵，7～10天喷施1次，连续喷施2～3次。

　　[磷过量] 会诱导锌、铁、硼等元素的缺乏，果实会浮皮（皱皮）。生产中施用1：1：1(N：P_2O_5：K_2O)复合肥的柑橘产区，易因磷施用比例高诱发钙、硼、锌等的缺乏。

柑橘缺磷叶片症状

柑橘缺磷果实症状

缺钾及钾过量

[症状识别] 老叶叶尖和上部叶叶缘首先变黄，逐渐向叶部中心扩展，变为黄褐色至褐色焦枯，叶缘向上卷曲，叶片畸形，叶尖枯落；新梢纤细，叶片较小；严重时，开花期大量落叶，枝梢枯死；果小皮薄光滑，着色不好，汁多酸少，果汁味淡，易腐烂脱落。

[发生原因] 土壤钾含量低以及沙质土、红壤和冲积土中钾易流失；钙、镁含量较高的盐渍土中钙、镁对钾产生拮抗；长期不施钾或钾肥用量不足；过多施用氮、磷、钙、镁等肥料，都会影响柑橘对钾的吸收，诱发缺钾。

[预防与矫正] 沙质土、红壤等钾易流失的土壤，增施有机肥以增加其保水保肥能力，减少钾的流失；根据柑橘对各种矿质营养的需求量及需求比例，进行配方施肥，减少因氮、磷、钙、镁等肥料施用过多导致的缺钾。钾肥施用量：硫酸钾0.5～1千克/株，分2～4次施用；或叶面喷施0.5%硝酸钾、硫酸钾或磷酸二氢钾溶液，1周喷施1次。

柑橘缺钾叶片症状

[钾过量] 目前在柑橘园还未见钾过量对树体和果实外观产生影响，但已有的研究表明，钾过量会导致果实糖/酸比下降，影响果实品质。

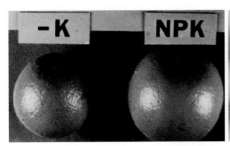

柑橘缺钾果实症状

缺 钙

[症状识别] 缺钙症状多发于春梢上，主要是新生组织受损，根尖和顶芽生长停滞。春梢嫩叶上部叶缘首先呈黄色或黄白色，继而主、侧脉间及叶缘附近黄化，叶面大块黄化，并产生枯斑，病叶窄而小、不久脱落；落果严重，病果常小而畸形或裂果，淡绿色，汁泡皱缩；枝梢顶端向下枯死，侧芽发出的枝条也会很快枯死。

[发生原因] 酸性土壤钙含量低；多雨地区土壤钙素易流失；过量施用硫酸铵、硝酸铵易诱发钙淋失；干旱阻碍土壤钙向根际迁移而影响对钙的吸收；碱性土壤也会导致土壤钙有效性低。

[预防与矫正] 酸性土壤通过施用石灰（根据土壤的性质施用 60 ～ 120 千克/亩*）矫正土壤酸度，提高土壤钙含量及有效性，同时多施有机肥；碱性土壤则应施用石膏（其他肥料也尽量选用生理酸性的）或叶面喷施钙肥（0.3% ～ 0.5%硝酸钙或0.3%过磷酸钙溶液，隔1周喷1次，连续喷2 ～ 3次）。

---

* 亩为非法定计量单位，15亩＝1公顷。全书同。

柑橘缺钙新芽症状

柑橘缺钙果实症状

柑橘缺钙叶片症状

缺　镁

[症状识别] 老叶和果实附近叶片先发病，病叶叶柄端沿中脉两侧产生不规则黄斑，向叶缘扩展，使侧脉向叶肉呈肋骨状黄白色带，黄斑相互连合，叶片大部分黄化，中脉及其基部或叶尖处残留三角形或倒 V 形绿色部分；严重时全叶变黄。

[发生原因] 酸性土壤及轻沙质土壤中的镁容易流失；碱性土壤中镁的有效性低，不能被吸收；施用过多磷、钾、锌、硼肥也会影响柑橘对镁的吸收利用而诱发缺镁；施用过多的酸性肥料使土壤酸化造成镁流失而缺镁。

[预防与矫正] 酸性土壤通过施用石灰矫正土壤酸度，提高

土壤保镁的能力，同时施用氧化镁肥；根据柑橘对各种矿质营养的需求量及需求比例，进行配方施肥，减少因磷、钾、锌、硼等肥料施用过多导致的缺镁。镁肥施用量：硫酸镁或氧化镁10～20千克/亩，或在挂果期每隔7～10天喷施0.1%硝酸镁或0.25%硫酸镁溶液，连喷3～5次。在缺镁的酸性土壤上尽量选用钙镁磷肥作为磷肥肥源，并增施有机肥。

柑橘缺镁叶片症状

柑橘缺镁果实症状

缺　硫

[症状识别]　新梢叶片发黄似漂白，叶片变小，主脉较其他部位黄，叶片易脱落，但老叶仍保持绿色。

[发生原因]　多雨地区及沙质土地区，因硫易流失而缺乏。另外，长期不施用含硫化肥的柑橘园也易缺硫。

[预防与矫正]　可施用石膏或含硫化肥（硫酸钾），也可叶片喷施0.3%硫酸盐溶液（硫酸锌、硫酸镁或硫酸铜等）。另外，有机质含量较低的土壤可在增施有机肥的同时施用硫黄粉15千克/亩。

柑橘缺硫叶片症状

缺　　铁

[症状识别] 新梢、嫩叶首先变薄黄化，呈黄白色，叶脉表现绿色网纹状，以小枝顶端嫩叶更为明显，老叶仍为绿色；严重时，全叶变为黄色至黄白色，以致全株叶片均变为橙黄色至白色；病树枝梢纤弱，幼枝上叶片脱落，出现无叶光秃枝和枯枝；果实变小，果皮发黄，果肉汁少发硬。

[发生原因] 石灰性土壤或 pH 较高的土壤，土壤有效铁含量低；过湿或过干地区土壤铁的有效性低；磷、锰、锌等肥料施用过多也会诱发柑橘缺铁。柑橘的缺铁症状一般会伴随缺锌、缺锰、缺镁等症状。

[预防与矫正] 石灰性土壤或碱性土，通过增施有机肥以及生理酸性肥料，改善土壤酸碱性及铁的有效性；通过配方施肥合理施用磷、锰、锌肥，减少因磷、锰、锌肥施用过多导致的缺铁；选用耐碱性的砧木或靠接吸铁能力强的砧木。铁肥的施用：碱性土壤施用乙二胺邻二羟基乙酸螯合铁（EDDHA-Fe），或在新梢生长期，每半个月喷施1次0.1%～0.2%硫酸亚铁或其他螯合态铁；或者将硫酸亚铁或其他螯合态铁与有机肥混合施入土壤；做好防涝防旱工作。

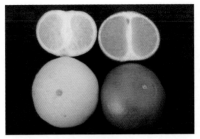
柑橘缺铁果实症状

柑橘缺铁叶片及果实症状

柑橘缺铁叶片症状

缺　锌

　　[症状识别] 新梢直立、窄小，枝叶丛生，节间变短，小枝枯死。新梢成熟新叶叶肉先黄化，呈黄绿色至黄色；老叶的主、侧脉具有不规则绿色带，其余部分呈淡绿色、淡黄色或橙黄色；严重时，病叶直立、窄小，新梢缩短，枝叶呈丛生状，随后小枝枯死，新叶淡绿至黄色斑点，称为"花叶病"；果小而皮薄，表面光滑，淡黄色，果肉木栓化，汁少味淡。

　　[发生原因] 中性或石灰性土壤锌的有效性低；酸性的红壤、黄壤以及沙性土壤中锌易流失而呈缺乏；施用磷肥以及长期施用石灰会导致植株缺锌；老果园因长期不施锌肥会导致土壤锌含量降低而缺锌；磷肥的过多施用会导致磷与锌沉淀而缺锌。

[预防与矫正] 过酸以及过碱土壤，通过施用石灰或生理酸性肥料进行土壤酸碱性的调节，同时增施有机肥，提高土壤锌的有效性；根据柑橘需肥比例进行平衡施肥，特别是防止磷肥施用过多导致的缺锌。锌肥的施用：抽春梢时期叶片喷施0.2%～0.3%硫酸锌溶液或0.1%～0.2%氧化锌，也可土施。

柑橘缺锌叶片症状

缺　钼

[症状识别] 春季在老枝下部或中部叶片的叶脉间出现水渍状斑点，逐渐扩大形成圆形和长圆形块状黄斑，叶背面斑点呈棕褐色，病叶向叶面弯曲形成杯状；严重时，病叶变薄，斑点变黄褐色坏死，常破裂呈穿孔，叶缘焦枯、脱落；抽生新叶变薄，叶片畸形，生长缓慢。

[发生原因] 酸性及强酸性土壤钼的有效性低；柑橘根系的长期固定吸收导致土壤可吸收利用的钼含量降低，特别是山地红壤、水稻湿土和江边潮土柑橘园。

[预防与矫正] 酸性土壤通过石灰的施用调节土壤酸碱性，提高土壤钼的有效性；增施有机肥提高土壤钼的有效性。钼肥的施用：抽梢期或幼果期叶片喷施0.01%～0.1%钼酸铵或钼酸钠溶液1～2次；酸性土壤通过施用石灰提高pH来提高钼的有效性。

柑橘缺钼叶片症状

缺　硼

　　[症状识别] 嫩叶上出现水渍状细小黄斑；叶片扭曲，黄斑扩大成黄白色半透明或透明状，叶脉亦变黄，主、侧脉肿大木栓化，最后开裂；病叶脱落，新芽丛生，严重时全树黄叶脱落和枯梢。老叶上主、侧脉亦肿大，木栓化和开裂，叶肉较厚，向背面卷曲呈畸形；幼果果皮生乳白色微突起小斑，严重时出现下陷的黑斑，并引起大量落果；残留果实小，畸形，皮厚而硬，果面有褐色木栓化瘤状突起，果皮和中心有褐色胶状物，汁少渣多，种子败育，果肉干瘪无味。

　　[发生原因] 成土母质硼含量低的土壤易缺硼；土层薄且贫瘠的酸性土壤如红壤和黄壤硼的有效性低；碱性土壤硼易被钙固定

而缺硼；沙质土壤且降雨过多也会导致土壤硼淋失；高温和干旱阻碍土壤硼迁移和根系吸收。

　　[预防与矫正] 酸性或碱性土壤通过施用石灰或生理酸性肥料以调节土壤酸碱性，同时增施有机肥和硼肥；做好柑橘的水分管理，特别是果实膨大期，干旱或淹水都会导致硼的吸收受阻从而影响果实的发育。硼肥的施用：春梢萌发至盛花期喷2 ～ 3次0.05％ ～ 0.1％硼酸溶液或0.1％ ～ 0.2％硼砂溶液；或土施硼砂10 ～ 40克/株，最好与有机质混配后施用。

柑橘缺硼叶片症状

柑橘缺硼果实症状

第三章 柑橘害虫识别与防治

我国柑橘害虫种类多，据统计有2门14目106科865种，能造成危害的有50多种。这些害虫为害习性多样，有些种类可取食为害柑橘多个部位，本书则根据其主要为害部位和特性分为吮吸式害虫、食叶害虫、花果类害虫和枝干根部害虫。

柑 橘 红 蜘 蛛

[学名] *Panonychus citri* (McGregor)。

[识别特征] 又名柑橘全爪螨、瘤皮红蜘蛛、柑橘红叶螨等。成螨体长0.3～0.4毫米，暗红色，椭圆形，背部及背侧有瘤状突起，上生白色刚毛；卵球形略扁，红色，有一垂直的柄，柄端有10～12条细丝，向四周散射伸出。

[为害规律] 成螨、若螨和幼螨均以刺吸叶片、嫩枝及果实汁液为害，造成粉绿色至灰白色斑点，导致落叶和枯梢。1年发生12～20代。主要以卵和成螨在柑橘叶背和潜叶蛾为害的僵叶内越冬，部分在枝条裂缝内越冬。一般年份有两个明显的高峰期，即5月中旬至6月中旬和9月中旬左右，且以春季高峰为主。

[防治方法] 加强橘园栽培管理，冬季清园，剪除带螨卷叶，3、4月间因地制宜地在橘园行间人工除草后，种植藿香蓟、白三叶、圆叶决明、百喜草、豆类等间作覆盖植物，改善橘

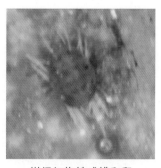

柑橘红蜘蛛成螨和卵

柑橘红蜘蛛为害叶片形成许多灰白色小点

柑橘红蜘蛛为害引起果皮灰白色（左）和正常果（右）

园生态环境，有利自然天敌钝绥螨、食螨瓢虫等的繁殖和保护，必要时，4～9月（温度20℃以上）可释放捕食螨，但一般在5～6月进行为宜。晴天要在下午4时后释放，阴天可全天进行，雨天不宜进行。释放后1周内降雨会影响效果，此外，释放前可喷药防治，压低害螨密度。冬季清园至春芽萌发前、春梢期、秋梢转绿期是化学防治重要时期，特别冬春季越冬卵盛孵期、春梢害螨第一个高峰期是防治关键时期。当螨口密度花前1～2头/叶、花后和秋季5～6头/叶时，即可喷药。冬季清园一般可用73%炔螨特乳油1 200～2 000倍液、95%机油乳剂150～200倍液、30%松脂酸钠水乳剂800～1 000倍液；其他季节可用24%螺螨酯水乳剂（螨危）4 000～5 000倍液、20%哒螨灵可湿性粉剂2 000～2 500倍液、0.3%绿晶印楝素乳油1 000倍液、0.3%苦参碱水剂500～800倍液、24%螺虫乙酯悬浮剂2 000～3 000倍液、11%乙螨唑悬浮剂5 000～7 000倍液等。

柑 橘 始 叶 螨

[学名] *Eoteranychus kankitus* (Ehara)。

[识别特征] 又名柑橘黄蜘蛛、四斑黄蜘蛛、柑橘六点黄蜘蛛等。体浅黄色，背面有4块多角形黑斑。雌成螨体长0.35～0.42

毫米，近梨形，腹部末端宽钝。雄成螨体近楔形，长约0.27毫米，尾部尖削。卵圆球形，初产时乳白色，后变为橙黄色，有卵柄1根，但柄上无细丝。

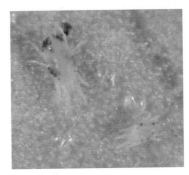

柑橘始叶螨雌螨和雄螨

[为害规律] 以针状口器刺吸汁液为害叶片、嫩梢、花蕾和果实。嫩叶受害后扭曲变形，形成向叶面凸起的大块黄斑，老叶被害后形成黄褐色斑块；被害果常在果面低洼处形成灰白色斑点，严重时引起落叶落果。1年发生12～20代，多以成螨和卵在树冠内部和下部当年生春、夏梢叶背凹陷处，以及潜叶蛾为害的僵叶内越冬。喜阴暗、潮湿，果园郁闭、树冠内部及中下部，叶背光线较暗的地方发生较多。每年4月下旬至5月中旬是发生盛期，其次是10～11月。

[防治方法] 合理修剪，增加橘园通风透光，4～5月春梢是防治重点时期。喷药时要特别注意树冠内部的叶片。其他可参照柑橘红蜘蛛的防治方法。

柑橘始叶螨为害状（叶正面）

柑橘始叶螨为害状（叶背面）

柑 橘 锈 螨

[学名] *Phyllocoptruta oleivora* (Ashmead)。

[识别特征] 又名柑橘锈瘿螨、锈壁虱、锈蜘蛛、黑皮果等。成螨体长0.1～0.2毫米，前宽后尖，形似胡萝卜，淡黄色至橙黄色。腹背环纹28～32个，腹面环纹56～64个，体上有背毛1对，腹毛2对，尾毛1对。

柑橘锈螨为害果实

柑橘锈螨

柑橘锈螨为害的叶片

[为害规律] 成螨、若螨刺吸柑橘叶片、枝条和果实汁液，受害叶片出现黑褐色网状纹，枯黄卷曲。被害果果皮粗糙，黑褐色，果实小且僵硬，味酸，皮厚。

1年可发生18～30代。以成螨在柑橘夏、秋梢腋芽、卷叶、僵叶内或果实的果梗、萼片下越冬。5月上旬开始为害新梢嫩叶，6～7月是该螨盛发期，高温干旱有利于其生长繁殖。

[防治方法] 多毛菌流行季节，避免使用铜制剂，当柑橘锈螨为害出现一个黑果或用10倍放大镜检查叶片背面和幼果果蒂周

柑橘锈螨为害的果实

围，有螨果率5%～10%，叶或果上每视野内有2～3头螨时即可喷药防治，其他可参照柑橘红蜘蛛防治方法进行。

柑 橘 瘿 螨

[学名] *Eriophyes sheldoni* (Ewing)。

[识别特征] 柑橘瘿螨又名瘤壁虱、芽瘿螨、柑橘瘤螨、柑橘瘤瘿螨等。雌成螨体长0.18毫米，橙黄色，长萝卜形。头、胸合并，宽

柑橘瘿螨为害而形成胡椒子状虫瘿

柑橘瘿螨为害状
（引自任伊森和蔡明段）

而短，腹部细长，有环纹65～70条，每环后缘有微瘤。卵近球形，白色透明。

［为害规律］主要群集为害春梢腋芽，也为害花芽、嫩叶、新梢和花蕾等幼嫩组织。被害处产生愈合组织形成胡椒子状虫瘿，虫瘿初为淡绿色，后渐变为棕黑色。1年可发生10多代。主要以成螨在虫瘿内越冬。翌年3、4月成螨开始为害春梢的幼嫩组织。5～6月繁殖迅速，是其为害高峰期。10月上旬停止出瘿进入越冬。

［防治方法］化学防治应在春梢萌发初期至开花期，越冬成螨从老虫瘿爬出为害新梢时，进行树冠喷药，其他可参照柑橘红蜘蛛的防治方法。

侧多食跗线螨

［学名］*Polyphagotarsonemus latus*（Banks）。

［识别特征］又名茶黄螨、半跗线螨、跗线螨。雌成螨体长0.15～0.25毫米，椭圆形，体背隆起，淡黄色至橙黄色，沿背中线有1条乳白色由前至后逐渐加宽的条纹。雄成螨比雌螨小，近菱形，尾部稍尖，体色与雌成螨相似。卵扁平椭圆形，长约0.1毫米，卵壳表面有5～6列纵横排列整齐的乳白色突起。

［为害规律］以幼螨、若螨和成螨刺吸为害幼芽、嫩叶、嫩枝和果实。幼芽受害后不能抽出展开，芽节肿大成花菜状；受害嫩叶纵向卷曲，增厚变窄成柳叶状。受害叶片表面出现银白色龟裂纹，失去光泽，硬脆而易脱落；嫩枝受害后生长细弱，表皮木栓

化且伴有白色龟裂；受害的果实畸形变小，上半部果皮上有较大银灰色或银白色龟裂的薄膜状疤痕。1年可发生20～30代，以成螨在绵蚧卵囊下、盾蚧类残存的介壳内等处越冬。翌年4～5月平均气温达20℃开始活动，6～7月和9～10月为盛发期。

[防治方法] 夏、秋梢萌发期是化学防治重点时期，其他可参照柑橘红蜘蛛的防治方法。

侧多食跗线螨为害状

矢 尖 蚧

[学名] *Unaspis yanonensis* (Kuwana)。

[识别特征] 又名矢尖介壳虫、箭头介壳虫。雌成虫介壳长2～4毫米，黄褐色或棕褐色，介壳较隆起，边缘有灰白色蜡质膜，前尖后宽，呈箭头形，中央有1纵脊线，两侧有向前斜伸的横纹；雄介壳狭长，粉白色，背面有3条纵隆起线。卵椭圆形，橙黄色。

[为害规律] 初孵若蚧在叶面上呈点状均匀分布，逐渐成长并固定在柑橘叶片、枝梢和果实上吸食汁液，寄生处四周变为黄绿色。严重时叶片卷缩、干枯，枝条枯死，果实不能成熟，果味酸，可导致整株死亡。1年发生2～4代，以受精雌成虫越冬为主，少数以若虫越冬。各代一龄若虫高峰期依次为5月中下旬、7月下旬、9月上中旬。

[防治方法] 加强田间管理，结合冬季修剪，剪除带虫枝叶，除吹绵蚧外，虫枝放置空地1周后（以便保护天敌），集中烧毁，

减少越冬虫口基数。保护或释放日本方头甲、整胸寡节瓢虫和矢尖蚧蚜小蜂等天敌以及寄生菌红霉菌。发生严重时，2月中旬至3月上旬，春季越冬代雌成虫0.5头/梢或10%叶片发现有若虫；5～10月，若虫3～4头/梢，或者10%叶片或果实发现有若虫为害时，于初孵若虫盛发期，每隔1周喷药防治1次，连续防治2～3次，第一代若蚧期是防治关键。药剂有：95%机油乳剂100～200倍液（花蕾期和果实着色前期慎用）、松脂合剂18～20倍液（冬季清园可用8～10倍液）、48%毒死蜱乳油1 000倍液、5%噻嗪酮可湿性粉剂1 000倍液等。

矢尖蚧及为害状

矢尖蚧雄蚧

矢尖蚧严重为害的枝叶

矢尖蚧为害造成的黄绿色斑

吹 绵 蚧

[学名] *Icerya purchasi*（Maskell）。

[识别特征] 吹绵蚧又名棉团蚧、白条蚧、吐棉蚧等。雌成虫体长5～7毫米，橘红色，椭圆形，背脊隆起，着生黑色短毛，产卵前腹背后方有半卵形白色卵囊，囊上有脊状隆起线14～16条。雄虫似小蚊，长约3毫米，胸部背面有黑色斑纹，腹部橘红色。卵长椭圆形，密集于卵囊。

吹绵蚧雌成蚧

[为害规律] 以若虫和雌成虫群集于柑橘的叶、芽、枝干和果实上吸汁为害，受害叶片发黄，枝条萎缩，落花落果，并诱发煤烟病。1年发生2～4代，主要以若虫和未产卵雌成虫在枝条和叶背越冬。若虫的盛发期一般在4～6月。

[防治方法] 用草把及时刷除枝干上的越冬成虫和若蚧，压低虫口基数。其他可参照矢尖蚧的防治方法。

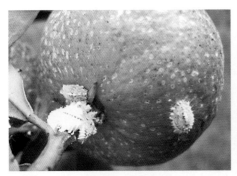

吹绵蚧为害果实

澳洲瓢虫幼虫取食吹绵蚧

褐圆蚧、黄圆蚧、红圆蚧

[识别特征] 褐圆蚧 [Chrysomphalus aonidum (L.)] 又名茶褐圆蚧、黑褐圆盾蚧。雌成虫介壳圆形，直径1～2毫米，紫褐色，边缘淡褐色，中央隆起较高，呈脐状，壳点2个，重叠位于介壳中央，壳点紫红色或橘红色，边缘绕有深色圆圈。雄成虫介壳长约1毫米，卵形或长椭圆形，壳点略偏一端。

红圆蚧（Aonidiella aurantii Maskell）雌介壳橙红色，半透明，隐约可见虫体，2个壳点不透明，橙褐色或橘红色。

红圆蚧为害枝条和果实

黄圆蚧（Aonidiella citrina Cog.）雌介壳淡黄色，半透明，隐约可见虫体，周围有白色或灰白色波浪式壳膜，壳点褐色，较扁平，与红圆蚧极相似，不易区别。

[为害规律] 以雌成虫和若虫群集于柑橘叶片、嫩枝和

褐圆蚧为害果实

褐圆蚧为害叶片

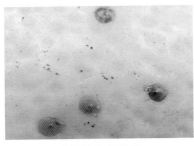

黄圆蚧为害果实　　　　　　　　黄圆蚧为害叶片

果实上刺吸汁液为害。被害叶片果实上，出现淡黄色褪绿斑点，果皮凹凸不平；嫩枝受害后生长不良，甚至枯死；被害枝干表皮粗糙，严重时树势衰弱。褐圆蚧1年发生3～6代，主要以若虫越冬。在福州，各代一龄若虫的始盛期为5月中旬、7月中旬、9月中旬及11月下旬。

[防治方法] 参照矢尖蚧的防治方法。

黑　点　蚧

[学名] *Parlatoria zizyphus* (Lucas)。

[识别特征] 黑点蚧又名黑星蚧、黑片盾蚧。雌成虫介壳长1.6～1.8毫米，长椭圆形，墨黑色，背面有2条纵脊。虫体倒卵形，淡紫红色。雄蚧长约1毫米，狭而小，淡黄色，有漆黑色壳点位于介壳前端，雄成虫淡紫红色。卵长约0.25毫米，椭圆形，紫红色。

[为害规律] 若蚧和成蚧群集为害叶片、嫩梢、枝条和果实。受害叶片褪绿发黄，受害果实延迟成熟，严重时枝叶枯萎，树势

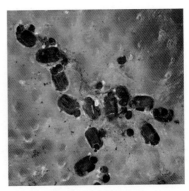

果实上的黑点蚧

衰退。在多数橘区1年发生3～4代，主要以雌成虫或卵在雌介壳下越冬。4月下旬开始到当年春梢上为害，5月下旬迁到幼果上为害，7月下旬迁至夏梢上为害，8月中旬又转移到叶片及果实上为害。

[防治方法] 6～8月一龄幼蚧高峰期是药剂防治重点，其他可参照矢尖蚧的防治方法。

糠 片 蚧

[学名] *Parlatoria pergandii* (Comstock)。

[识别特征] 糠片蚧又名灰点蚧、圆点蚧、糠片盾蚧等。雌介壳长1.5～2毫米，灰白色或黄褐色，多为不规则椭圆形，边缘极不整齐，壳点位于介壳边缘，颜色较淡，形似糠片。雌成虫体长0.8毫米左右，近圆形，紫红色。雄虫体长0.4毫米，体紫色，具触角和翅各1对。卵长椭圆形，淡紫色。

[为害规律] 以成虫和若虫群集刺吸叶片、枝干和果汁，枝叶受害后枯落，果实被害出现黄绿色斑点。1年发生3～4代，主要以雌成虫及卵在枝干或叶片上越冬，喜栖息在荫蔽处，尤其是植株内膛下部和尘土积集的枝梢上，各代若虫发生期分别在5月初、7月上中旬、8月上中旬和9月下旬，其中9月份是其发生高峰期。

[防治方法] 参照矢尖蚧的防治方法。

糠片蚧为害枝条状

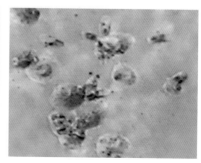

糠片蚧

红 蜡 蚧

[学名] *Ceroplastes rubens*（Maskell）。

[识别特征] 红蜡蚧又名红蜡虫、红蚰、红橘虱。雌介壳直径为3～4毫米，高约2.5毫米，介壳背面覆盖厚厚的蜡壳，顶部凹陷，似脐状。初为玫瑰红色，后渐变为暗红色，老熟时自顶端到底边有4条白色蜡线。虫体紫红色，半球形。初孵若虫扁平椭圆形，红褐色，腹部末端有2根长毛。

[为害规律] 雌成虫和若虫主要群集在枝梢上吸取汁液，少数在叶片、叶柄和果柄上为害，且诱发煤烟病。发生严重时导致全株枯死。每年发生1代，以受精雌成虫在一年生春梢上越冬。一般雌成虫于5月中下旬开始产卵，5月下旬至6月上旬为产卵盛期，初孵若虫喜在当年生春梢嫩枝上固定吸汁为害。

红蜡蚧及其为害状

[防治方法] 参照矢尖蚧的防治方法。

堆 蜡 粉 蚧

[学名] *Nipaecoccus vastator*（Maskell）。

[识别特征] 堆蜡粉蚧又称橘鳞粉蚧、木槿粉蚧等。雌成虫体长3～4毫米，椭圆形，黑紫色，全体覆盖厚的白色棉絮状蜡质物，虫体边缘有粗而短的蜡丝，末端的1对蜡丝较长，且常聚集成堆。雄成虫体紫酱色，长约1毫米，腹末有1对白色蜡质长尾刺；卵椭圆形，淡黄色；若虫似雌成虫，初孵若虫无蜡粉，固定取食后开始分泌白色粉状蜡质。

堆蜡粉蚧

堆蜡粉蚧为害诱发煤烟病的果实

[为害规律] 主要以成虫和若虫为害柑橘新梢和幼果，尤喜在枝（叶）权处、果蒂处为害，造成新梢扭曲畸形，不能正常抽发；果皮呈块状凸起，形成肿瘤状，变黄脱落，且能诱发煤烟病。

在广州每年发生5～6代，以成虫、若虫在树干、枝条裂缝或卷叶内等处越冬。翌年2月初越冬成虫、若虫恢复活动，主要为害春梢枝条。4～5月和10～11月虫口密度最大，为害最重。

[防治方法] 化学防治应于4月上中旬第一、二代若虫盛发期施药，其他可参照矢尖蚧的防治方法。

柑橘小粉蚧

[学名] *Pseudococcus citriculus* Green。

[识别特征] 又名柑橘刺粉蚧。雌成虫椭圆形，长2～2.5毫米，粉红色或黄褐色，体表被白色蜡粉，侧缘蜡刺白色，17对，

柑橘小粉蚧

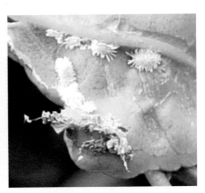

柑橘小粉蚧为害叶片

且向后端逐渐增长，末端1对最长，为体长的1/3～2/3。雄成虫较小，紫褐色，翅1对，腹末1对白色蜡丝较长。卵淡黄色，椭圆形。初孵若虫扁椭圆形，固定取食后即开始分泌白色蜡质覆盖体表，形成针状蜡刺。

[为害规律] 成虫和若虫多聚集在叶背中脉两侧、叶柄、果蒂和蜘蛛网等处吸食汁液，形成黄斑，并诱发煤烟病。

1年发生4～5代，多以雌成虫和少量若虫在叶背等处越冬。4月中下旬，越冬雌成虫在体下形成卵囊产卵，第一代若虫多在叶背、叶柄、果蒂及枝干伤疤处为害，第二、三代若虫则多在果蒂部为害。

[防治方法] 参照矢尖蚧的防治方法。

粉　虱　类

为害柑橘的粉虱有20多种，主要有柑橘粉虱［*Dialeurodes citri* (Ashmead)］和黑刺粉虱（*Aleurocanthus spiniferus* Quaintance）。

[识别特征]

柑橘粉虱：又名橘黄粉虱、橘裸粉虱、橘绿粉虱等。雌虫体长1.2毫米左右，雄虫体长0.96毫米左右。成虫体淡黄绿色。翅两对，半透明，虫体和翅上均覆盖白色蜡粉。叠翅时如屋脊状。卵淡黄

柑橘粉虱成虫、卵和蛹壳

座壳孢菌寄生粉虱若虫

柑橘粉虱引发的煤烟病

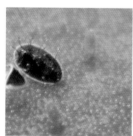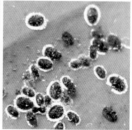

黑刺粉虱的蛹、卵、成虫产卵

色，椭圆形，一端有柄固定在叶上。蛹壳略近椭圆形，长1.3～1.6毫米，扁平，质软薄而透明，背面无刺毛，皿状孔近圆形。

黑刺粉虱：又名橘刺粉虱、刺粉虱等。成虫体长0.96～1.3毫米，前翅淡紫色，上有7个白色斑纹。卵长椭圆形，有1短柄，初为乳白色，后变为淡黄色，灰黑色。若虫椭圆形，一龄若虫体色淡黄，孵出后稍作爬行后即固定在叶背取食，以后渐变黑色，周围分泌白色蜡质物。蛹黑色，有光泽，有白色绵状蜡质边缘，背面中央隆起，体背及两侧边缘有长刺。

[为害规律] 粉虱以若虫和成虫群集在叶片背面吸食柑橘汁液。被害处褪绿形成黄斑。也有少量若虫取食果实和嫩枝，并分泌蜜露诱发严重的煤烟病，造成落叶枯梢，甚至导致落花落果，树势衰退。

粉虱多以老熟若虫或蛹在叶背越冬。柑橘粉虱1年发生2～6代，翌年2月下旬、3月上中旬羽化为成虫，1～3天后开始交配产卵，白天活动，有趋嫩性，卵散产，常密集于叶背；黑刺粉虱在四川、福建、湖南1年发生4～5代，翌年3月中旬至4月上旬化蛹羽化，卵散产、密集成圆弧形。喜荫蔽湿润环境，通风透光不良的橘园受害较严重。

[防治方法] 早春结合疏除过密春梢，剪除带虫（卵、若虫和伪蛹）枝叶，清除残枝枯叶，集中销毁；早春疏除过密春梢，增加树冠通风透光，抹芽控梢，改善生态环境；加强肥水管理，增强树势。成虫羽化后，挂黄板，诱杀成虫。为了降低成本，可自制黄板：用旧的橙黄色硬纸裁成1米×0.2米长条，再涂上1层黏油（可用10号机油加少许黄油调成），每亩设置35～40块，7～10天重涂1次。保护利用粉虱座壳孢菌、瓢虫、草蛉等天敌，粉虱座壳孢菌 *Aschersonia aleyrodis* 是柑橘粉虱的寄生菌，在橘园上较普遍发生（特别郁闭度大果园），此菌发生期，最好不要喷铜制剂和其他广谱杀菌剂，也可采集有座壳孢菌树叶，悬挂于粉虱高发区，或将座壳孢菌橘叶捣碎加水稀释过滤后喷雾，尤其在4～5月雨水多防效显著。卵孵化高峰期，特别是发生较整齐的第一代若

虫盛发期为防治关键期，当5%以上叶片有若虫时即喷药防治。药剂有松脂合剂18～20倍液、99.1%敌死虫乳油或94%机油乳剂150～200倍液（花蕾期、谢花期和果实转色前的9～10月慎用，高温天气机油乳剂宜在早晚使用）、40%辛硫磷乳油1 000～1 200倍液、40.7%毒死蜱乳油1 200倍液、10%吡虫啉可湿性粉剂2 500～3 000倍液、25%扑虱灵可湿性粉剂1 200～1 500倍液或5%啶虫脒乳油1 000～2 000倍液等。

蚜 虫 类

为害柑橘的蚜虫主要有橘蚜（*Toxoptera citricidus*）、橘二叉蚜（*Toxoptera aurantii*）、绣线菊蚜（*Aphis citricola*）和棉蚜（*Aphis gossypii* Glover）等。

[识别特征]

橘蚜：无翅胎生雌蚜体长1.3毫米，椭圆形，深褐色至漆黑色，翅痣淡褐色。触角6节，灰褐色。体背有明显的六角形网纹，节间有清晰黑色斑纹，有发声机构，额瘤明显。有翅蚜前翅中脉分为3叉。

橘二叉蚜：无翅胎生雌蚜长约2毫米，卵圆形，暗褐或黑褐色，胸部和腹背有六角形网纹，有发声机构，额瘤明显。有翅胎生雌蚜体长卵形，黑褐色，腹部背面两侧各有4个黑斑。翅无色透明，前翅中脉分2叉。

绣线菊蚜：无翅胎生雌蚜体黄至黄绿色，尾片、腹管黑色，体表有网状纹，额瘤不明显，无发声机构。头部前缘中央突出，不同于桃蚜凹入形状。胸腹叉有短柄，尾片圆锥形，有长毛9～13根，腹管圆锥形，长为尾片的1.6倍。有翅蚜前翅中脉分为3叉。

棉蚜：无翅胎生雌蚜体长1.5～1.9毫米，春季深绿色、棕色或黑色，夏季多为黄绿色。体被有一薄层白色蜡粉，胸腹叉无短柄，尾片圆锥形，腹管短，圆锥形，为尾片的2.4倍，这是不同于绣线菊蚜的主要特征。

上述有翅雄蚜和无翅雄蚜与相应雌蚜相似。

[为害规律] 蚜虫以成虫、若蚜群集在柑橘芽、嫩梢、嫩叶、花蕾和幼果上吸食汁液，造成叶片卷曲，新梢不能伸长，引起落花、落果。同时诱生煤烟病，传播植物病毒病。橘蚜1年发生10～30代，橘二叉蚜10余代，绣线菊蚜20多代，棉蚜20～30代。全年为害期主要在5月中旬至6月中旬春梢抽发期和8月中旬至10月秋梢抽发期。

[防治方法] 冬、夏结合修剪，剪除有虫、卵的枝梢，消灭越

绣线菊蚜及其为害状

橘二叉蚜

橘蚜无翅蚜及若蚜

棉蚜为害尤力克柠檬叶

瓢虫幼虫捕食绣线菊蚜

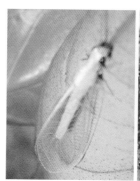

草蛉成虫、若虫、卵壳及初卵若虫

冬虫源；夏、秋梢抽发时，抹芽控梢，压低越冬虫口基数；在橘园中挂置黄色黏虫板可黏捕有翅蚜；化学防治应尽可能地采用挑治的

食蚜蝇取食蚜虫

办法，通过保护和利用天敌来控制蚜虫，特别5月以后蚜虫天敌数量增多，而气温升高不利于蚜虫生长繁殖，这时应尽量少用或不用农药，以利保护天敌。当春嫩梢期有蚜梢率达到15%，秋嫩梢期有蚜梢率达20%时及时喷药防治。常用的药剂有：3%啶虫脒悬浮剂2 500～3 000倍液、5%啶虫脒超微悬浮剂3 500～4 000倍液、10%吡虫啉可湿性粉剂2 500～4 000倍液、40%辛硫磷乳油1 000～1 500倍液、0.3%绿晶

印楝素乳油1 000倍液、2.5%鱼藤酮乳油600～1 000倍液、50%抗蚜威可湿性粉剂1 000～2 000倍液、0.3%苦参碱水剂400倍液、25%噻虫嗪水分散粒剂5 000～6 000倍液等。

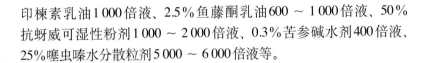

吸 果 夜 蛾 类

　　我国已知吸果夜蛾50多种，常见的种类有嘴壶夜蛾（Oraesia emarginata）、鸟嘴壶夜蛾（Oraesia excavata）、枯叶夜蛾（Adris tyrannus）、落叶夜蛾（Othreis fullonica）、艳叶夜蛾（Maenas salaminia）、彩肖金夜蛾（Plusiodonta coelonota）、桥夜蛾（Anomis mesogona）、青安纽夜蛾（Anua tirhaca）、旋目夜蛾（Speiredonia retorta）、蚪目夜蛾（Metopta rectifasciata）、鱼藤毛胫夜蛾［Mocis undata（Fabricius）]、中带三角叶蛾（Chalciope geometrica Fab.）、玫瑰巾夜蛾（Parallelia arctotaenia Guenee）、毛翅夜蛾［Thyas juno（Dalman）] 等。其中以嘴壶夜蛾、枯叶夜蛾和鸟嘴壶夜蛾最普遍，为害较严重。

　　[识别特征]嘴壶夜蛾成虫体长18毫米左右，头部和足棕红色，腹部背面灰色，其余大部分为褐色。下唇须前伸呈鸟嘴形，前翅外缘中部外突成角。鸟嘴壶夜蛾成虫头部及前胸赤橙色，中后胸褐色。下唇须前伸呈鸟嘴形，前翅前缘中部不成角，顶角尖突。枯叶夜蛾成虫头、胸棕褐色，腹部背面橙黄色，前翅枯黄色，有1条斜生的黑色斑纹，后翅黄色，有肾状和羊角状黑色斑纹。

　　[为害规律]吸果夜蛾以成虫在夜间为害成熟果实。果实被害后果肉呈海绵状，刺孔周围初期呈水渍状，后期果实腐烂脱落。嘴壶夜蛾1年发生2～6代，均以老熟幼虫或蛹越冬。8月下旬开始为害柑橘，9月下旬至11月上旬为为害盛期。

　　[防治方法]铲除橘园附近木防己、汉防己等吸果夜蛾幼虫的寄主植物；安装诱虫灯诱杀成虫；或用黄色荧光灯、滴有香茅草油的纸片驱避成虫；果实变色转熟期，天黑后持手电筒捕杀

嘴壶夜蛾成虫

嘴壶夜蛾刺吸果实（郑朝武提供）

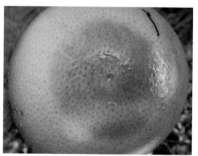

吸果夜蛾为害果实状

鸟嘴壶夜蛾成虫

枯叶夜蛾成虫

旋目夜蛾成虫

艳叶夜蛾成虫

中带三角夜蛾成虫

鱼藤毛胫夜蛾成虫

毛翅夜蛾成虫

玫瑰巾夜蛾成虫

橘园边上的成虫，或采用红糖、醋各50克，90%敌百虫晶体25克对水1千克，配制毒液，诱杀成虫。受害严重的橘园，田间调查为害率达到1%时进行喷药防治，可选药剂：50%丙溴磷乳油1 000～1 500倍液、2.5%高效氯氟氰菊酯乳油2 000～3 000倍液、5.7%氟氯氰菊酯乳油1 500～2 000倍液等。

蓟 马 类

我国报道为害柑橘的蓟马种类多，如柑橘蓟马（*Scirtothrips citri* Hood）、茶黄蓟马（*Scirtothrips dorsalis* Hood）、八节黄蓟马（*Thrips flavidulus*）、棕榈蓟马（*Thrips palmi*）等，但近年在赣南和宜昌系统调查发现，造成果面伤痕，为害最严重的是八节黄蓟马。

[识别特征] 八节黄蓟马雌虫体长1.1毫米，体、翅和足黄色，触角8节，除节Ⅲ-Ⅴ端半部、节Ⅵ-Ⅷ暗黄棕色，其余黄色；单眼间鬃位于前后单眼内缘或中心连线上；中胸盾片布满横纹，后胸盾片前中部有几条短横纹，其后为网纹，两侧为纵纹；前脉基部鬃7根，端鬃3根，后脉鬃16根；腹部节Ⅷ背片后缘梳完整，梳毛细。雄虫较雌虫细小而色淡，黄白色。

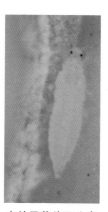

八节黄蓟马成虫

在幼果萼片下为害的八节黄蓟马若虫

[为害规律] 成虫、若虫均可为害柑橘的花、幼果和叶，吸食汁液，特别在谢花后到幼果直径小于4厘米时期，若虫在萼片下锉食柑橘幼果，随着果实膨大在果蒂周围形成一圈银白色的环状疤痕是典型为害状，4～5月谢花后到幼果直径4厘米期间是为害高峰期。

[防治方法] 开春时清除橘园内的枯枝落叶，干旱时及时浇水；在蓟马越冬代成虫发生期进行地面覆盖，减轻羽化成虫数；加强栽培管理，橘园附

被蓟马为害的果实

近不种植葡萄等寄主植物，特别是花卉，以减少虫源。保护利用天敌，可在橘园释放钝绥螨（*Amblyseius* sp.），此外蓟马的天敌还有蜘蛛、小花蝽（*Orius* sp.）和多种捕食性椿象等。在柑橘开花至幼果期，可用蓝板监测和诱杀；谢花末期，有5%～10%的幼果有虫，或幼果直径达到1.8厘米后有20%的果实有虫时，开始进行喷药防治。常用药剂有40%辛硫磷乳油1 200倍液、10%吡虫啉可湿性粉剂2 500～3 000倍液、2.5%溴氰菊酯乳油2 500～3 500倍液、1.8%阿维菌素乳油4 000～6 000倍液等。

柑　橘　木　虱

[学名] *Diaphorina citri*（Kuwayama）。

[识别特征] 成虫初羽化体翡翠绿色，后转为青灰色，带褐色斑纹，羽化初期翅为白色，复眼红色，随后前翅渐转为半透明，有黑褐色斑纹，后翅透明，有明显的爪片。卵长0.3毫米左右，梨形，在钝圆端有1短柄。卵初为白黄色，渐变为橘黄色。若虫5龄，扁椭圆形，背面稍突，各龄色不同，常为淡绿、淡黄或灰黑色相杂，形成横纵状斑纹，二龄后翅芽逐渐显露，腹部周缘分泌白色蜡丝。

[为害规律] 柑橘木虱以成虫、若虫群集为害嫩梢、嫩叶和嫩芽，引起新叶扭曲畸形，若虫白色排泄物诱发煤烟病，是柑橘嫩梢期的重要害虫之一，特别是柑橘黄龙病的传病媒介昆虫。1年发生5～14代。以成虫群集在叶背越冬，春季3～4月，越冬成虫开始在春梢嫩叶上产卵。成虫栖息或取食时，头部下俯，腹端翘起45°角，容易识别。有趋黄、趋红性和趋嫩性。通风透光、树冠稀疏和嫩芽新梢多的苗圃和幼树受害重。柑橘木虱发生高峰期在春、夏、秋新梢抽发期，其中以秋梢最多。抽梢期遇春旱或秋旱可爆发性为害。

[防治方法] 加强检疫，防止黄龙病菌和木虱传播蔓延，严禁从黄龙病疫区调运苗木。加强栽培管理，抹除零星嫩梢，清除零

星芸香科植物，成片的橘园应种植同一品种，采取"顾春梢、抹夏梢、保秋梢"策略，抹芽控梢使橘园新梢抽发较整齐，减少夏秋梢虫源。砍除病树，以减少病虫源及木虱产卵繁殖场所。在果园周围营造防护林，增加果园隐蔽度，阻隔木虱扩散。培育无病苗圃，隔离种植，减少木虱传病机会。保护和利用天敌，促进其生存和繁殖，柑橘木虱生防菌对其防控十分有效，可在木虱发生期喷施柑橘木虱病原真菌桔形被毛孢、玫烟色棒束孢的孢子粉制剂。此外，柑橘木虱的寄生性天敌有两种跳小蜂 *Metapriomitus* sp. 和 *Psyllaephagus* sp.；捕食性天敌有双带盘瓢虫（*Coelophora biplagiata*）、异色瓢虫（*Leis axyridis*）、亚非草蛉（*Chrysopa boninensis*）、大草蛉（*Chrysopa septempunctata*）等。冬季木虱活动能力弱，采果后清园喷药，在每次梢期特别是春、秋梢期或三龄若虫前，喷药保梢。药剂可选用10%吡虫啉可湿性粉剂1 500～2 000倍液、25%噻虫嗪水分散粒剂4 000～5 000倍液等。

柑橘木虱成虫、若虫和卵

蝽　类

柑橘上常见的蝽类主要有长吻蝽 [*Rhynchocoris humeralis* (Thunberg)]、麻皮蝽 [*Erthesina full* (Thunberg)]、稻绿蝽 [*Nezara viridula* (Linneus)] 和珀蝽 [*Plautia fimbriata* (Fabricius)]。

[识别特征]

长吻蝽：又名角肩蝽。体绿色，长盾形，触角5节。前胸背板前缘两侧呈角状突出，其上有较多黑粗刻点。小盾片似舌形，有刻点。

长吻蝽成虫

麻皮蝽：别名黄斑蝽、麻椿象、麻纹蝽。体长18～23毫米，黑色，密布刻点，并具有细碎的不规则黄白斑。触角黑色，触角第五节基部和足胫节中段为黄白色。从头至小盾片基部中央有1条黄白色细纵线。腹部背面侧接缘黑白相间，腹面黄白色，中央有凹下的纵沟。

稻绿蝽：虫体有三种色型，全绿型（又称代表型）、黄肩型（黄肩绿蝽）和点斑型（点绿蝽）。体全绿，长椭圆形，触角三、四、五节末端棕褐，前胸背板边缘黄白色，侧角圆，小盾片长三角形，基部有三个横列的小白点。

麻皮蝽成虫和卵

稻绿蝽成虫和若虫

珀蝽成虫

珀蝽：体长8～11.5毫米，长卵圆形，具光泽，头鲜绿，触角5节，三、四、五节绿黄，小盾片鲜绿，末端色淡。前胸背板鲜绿，两侧角圆而稍凸起，红褐色。前翅革片暗红色，刻点粗黑，并常组成不规则的斑。

[为害规律] 蝽类主要以成虫、若虫吸食柑橘叶片、嫩梢和果实汁液，喜食近熟期果实。引起叶枯黄或脱落，幼果受害后果皮紧缩变硬，果小汁少，刺孔针眼大小，被刺部位逐渐变黄形成黄斑，但不呈水渍状，以区别吸果夜蛾为害状。严重时造成落果。

蝽类一般以成虫在橘园边杂草、枯枝落叶、树皮屋檐下缝隙内越冬。长吻蝽在华南、长江流域等地1年1代，稻绿蝽在江苏、浙江北部1年1代，江西3代；麻皮蝽在湖南2～3代，珀蝽在江西3代。长吻蝽成虫在橘园中于4月初开始活动，7～8月是若虫盛发期和主要为害期，低龄（三龄前）若虫常群集，高龄分散在果上吸食为害。

[防治方法] 人工摘除卵块，捕杀初孵若虫，冬季清园，捕杀越冬成虫。成虫越冬刚结束和低龄若虫高峰期是喷药防治适

期。药剂有80%敌敌畏乳油700～1 000倍液、20%氰戊菊酯乳油2 000～3 000倍液、90%敌百虫晶体800～1 000倍液、2.5%溴氰菊酯乳油或20%甲氰菊酯乳油3 000倍液等。

蜡 蝉 类

柑橘上的蜡蝉主要有八点广翅蜡蝉（*Ricania speculum*）、白蛾蜡蝉（*Lawana imitata*）、斑衣蜡蝉（*Lycorma delicatula*）、碧蛾蜡蝉（*Ceisha distinctinctissima*）、柿广翅蜡蝉（*R. sublimbata*）和褐缘蛾蜡蝉（*Salurnis marginellus*）等。

[识别特征] 八点广翅蜡蝉成虫深褐色，体长11.5～13.5毫米，体表覆有疏松的白蜡粉，前翅共有透明斑6个。柿广翅蜡蝉前翅暗褐色，外缘无透明斑，前缘近顶角1/3处有1黄白色三角形斑。白蛾蜡蝉成虫体长19～22毫米，白色或淡绿色，全体被有白色蜡粉，前翅臀角延伸成锐角，头突钝圆。碧蛾蜡蝉前翅臀角不延伸成锐角，前翅黄绿色，有1条红色细纹绕过顶角到后缘爪片末端。褐缘蛾蜡蝉前翅绿色或黄绿色，边缘褐色，在后缘特别显著。斑衣蜡蝉体长14～20毫米，前翅革质，基部2/3为淡褐色，端部约1/3为深褐色，翅上有20个左右黑点，后翅膜质，后翅基部红色，端部黑色，有7～8个黑点。

[为害规律] 蜡蝉成虫、若虫吸食嫩枝、嫩叶和芽的汁液，其排泄物还能诱发煤烟病；成虫产卵于枝条内，影响水分和养分的输送，导致产卵部位以上枝叶衰退，重则死亡。八点广翅蜡蝉和斑衣蜡蝉1发生1代，以卵在树干或枝条内越冬，若虫孵化盛期在5月中上旬。白蛾蜡蝉1发生2代，以性未成熟的成虫在枝叶茂密处越冬。

[防治方法] 结合清园，剪掉有虫卵及枯死树枝，并集中销毁；成虫高峰期，采用黄板诱杀、人工捕杀；发生严重时，于低龄若虫高峰期可选用80%敌敌畏乳油1 000倍液、20%氰戊菊酯乳油3 000～4 000倍液或其他有机磷药剂防治。

八点广翅蜡蝉若虫、成虫及其产卵痕

白蛾蜡蝉成虫、若虫

碧蛾蜡蝉成虫

柿广翅蜡蝉成虫及产卵痕

斑衣蜡蝉成虫和若虫

柿广翅蜡蝉产卵痕和若虫

褐缘蛾蜡蝉成虫和若虫

黑蚱蝉、蟪蛄

[识别特征] 黑蚱蝉 [*Cryptotympana atrata* (Fabricius)] 又名蚱蝉、知了、蝉等。成虫体长40～45毫米，黑色有光泽，局部被金色细毛。头部中央及颊的上方有红黄色斑纹，触角刚毛状，复眼黄褐色，中胸背板上有明显红褐色 X 形突起，翅透明无斑纹。雄虫腹部有鸣器，雌虫无。卵长椭圆形，乳白色有光泽。初孵若虫白色细软，老熟后变为黄褐色，体较硬。

蟪蛄 [*Platypleura kaempferi* (Fabricius)] 为害规律和防治方法与黑蚱蝉相似，与黑蚱蝉的主要形态区别是：成虫体长约25毫米，翅透明，暗褐色，前翅有不透明、浓淡不同的暗褐色云状斑纹；中胸中央无突起。

[为害规律] 成虫刺吸柑橘枝梢汁液为害，雌成虫产卵于1～2年生枝条组织，产卵器刺破枝梢皮层直达木质部，形成大量外观似锯齿状的卵穴，引起枝条失水枯死，果实脱落。黑蚱蝉完成1代需要4～5年，长的可达12～13年。以若虫和卵越冬。若虫绝大部分时间生存在土中，共蜕皮5次。7月下旬开始产卵，8月份最盛，卵期长达10个月左右，翌年6月孵化，落入土中生活，秋后向深

黑蚱蝉成虫

蟪蛄成虫

土层移动越冬，翌年随气温回暖，上移刺吸根为害。

[防治方法] 成虫产卵期及时剪除产卵枝、冬季剪除枯枝，集中烧毁。灯光诱杀虫。在若虫出土期，晚上人工捕捉若虫，并在树干绑塑料薄膜防止其上树蜕皮。发生严重的果园，每年5月中旬于若虫出土羽化前，在果园树盘下地面喷施50%辛硫磷乳油100倍液。成虫盛发期，喷施20%氰戊菊酯乳油2 000 ～ 3 000倍液。

黑蚱蝉产卵枝、卵

黑蚱蝉为害的枯死枝条

柑橘潜叶蛾

[学名] *Phyllocnistis citrella* Stainton。

[识别特征] 又称绘图虫，鬼画符。成虫体长约2毫米，银白色，前翅有"丫"字形黑纹，翅尖缘毛形成黑色圆斑，其内有1小

白斑，后翅缘毛较长。触角基节扩大，下方凹入，形成眼帽。卵白色，椭圆形，透明；幼虫体黄绿色，尾端尖细。

[为害规律] 以幼虫在嫩叶、嫩茎或果皮下蛀食为害，形成"鬼画符"状虫道，叶片卷缩变硬脱落，老树、春梢受害轻，幼树、夏秋梢受害重。1年发生9～15代，以老熟幼虫或蛹在被害叶片中越冬。成虫有趋光性，多夜晚活动，卵多散产在嫩叶背面中脉两侧。以每年7、8月间秋梢受害最重。高温多雨、抽梢多而不整齐则有利于其发生。

[防治方法] 冬季剪除被害枝叶，扫除枯枝落叶并烧毁；夏、秋梢期抹芽控梢。低龄幼虫和成虫盛发期是化学防治适期，一般在夏秋梢抽发期（7月中旬至9月下旬），全园20%枝梢抽出嫩芽，有虫卵率20%左右，新梢芽长1～2厘米时进行第一次喷药，以后每隔7～10天喷1次，连喷2～3次。成虫宜在傍晚喷药防治，对低龄幼虫则在晴天午后用药。药剂可选用1.8%阿维菌素乳油3 000～4 000倍液、10%吡虫啉可湿性粉剂1 500～2 000倍液、35%阿维·辛硫磷乳油1 200～1 500倍液、48%毒死蜱乳油1 000～2 000倍液。

柑橘潜叶蛾成虫、幼虫　　　　潜叶蛾幼虫为害茎和叶片

恶 性 叶 甲

[学名] *Clitea metallica* Chen。

[识别特征] 雌成虫体长2.8～3.8毫米，雄虫略小，长椭圆形，体背蓝黑色带金属光泽，足及腹部黄褐色。鞘翅后部狭于前部，鞘翅上有纵列小刻点10行。卵长椭圆形，长约0.6毫米，初为白色，渐变褐色，卵壳外有黄褐色网状黏膜。幼虫3龄，前胸背板上有两块深茶褐色半月形硬皮，中、后胸两侧各有1个黑色突起。

[为害规律] 成虫咬食新芽、嫩叶、嫩茎、花蕾和幼果；幼虫群集柑橘嫩梢叶上取食，其分泌物和粪便污染嫩叶，使嫩叶变焦黑而萎缩脱落。被害芽、叶残缺枯萎，花蕾干枯，幼果常被咬成大而多的孔洞，导致变黑易脱落。1年发生3～7代，以第一代发生量大，为害最重。以成虫在树皮裂缝内、苔藓、地衣、杂草及卷叶和松土中越冬。越冬成虫在3月中旬左右开始活动，第一代幼虫高峰期为4～5月，为害春梢。

[防治方法] 清除枯枝落叶和地衣、苔藓，在春季发芽前可用松脂合剂10倍液，秋季可用18～20倍液对树上的苔藓、地衣等进行清洁和消毒。人工捕杀成虫，或在树干上捆扎带泥稻

恶性叶甲成虫、幼虫及其为害状

草绳诱集化蛹幼虫，集中烧毁。严重时卵孵化高峰期喷药防治，药剂有：2.5%溴氰菊酯乳油3 000 ～ 4 000倍液、80%敌敌畏乳油1 000倍液、35%辛硫磷乳油1 000倍液、48%毒死蜱乳油1 000 ～ 1 500倍液等。

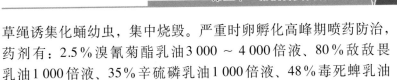

柑橘潜叶甲

[学名] *Podagricomela nigricollis* Chen。

[识别特征] 成虫体长3 ～ 3.7毫米，宽椭圆形，头部和前胸背板黑色，鞘翅黄色，每鞘翅上有纵列刻点11行。卵椭圆形，黄色，表面有六角形或多角形网状纹，表面附有褐色排泄物，横粘于叶上。幼虫3龄，老熟幼虫体长4.7 ～ 7毫米，深黄色，前胸背板硬化，各腹节前窄后宽，每节两侧带黑褐色突起。

[为害规律] 成虫为害嫩芽、嫩叶，在叶背表面取食叶肉，形成缺刻、孔洞或仅留表皮，叶片呈现透明白斑；幼虫孵化后即钻入叶内潜食为害，形成的弯曲隧道较潜叶蛾潜道粗短，造成叶片枯黄脱落。一般1年发生1代。以成虫在柑橘附近果木树干的苔藓或地衣下，树干裂缝中或树干周围的松土中越冬。3月下旬至4月

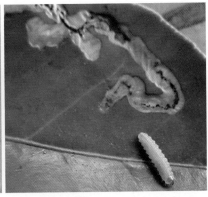

柑橘潜叶甲成虫、幼虫及其为害状

下旬越冬成虫开始活动，4月中旬至5月中旬是幼虫为害盛期，5月上旬至6月上旬是当年羽化成虫为害期。6月以后随气温升高而潜伏越夏，后转入越冬，一般不为害夏秋梢。

［防治方法］中耕松土灭蛹，摇落捕杀成虫；及时摘除并烧毁被害叶，杀灭叶内幼虫。越冬成虫及一龄幼虫发生高峰期各喷药1次。其他可参考恶性叶甲防治。

枸 橘 潜 叶 甲

［学名］*Podagricomela weisei* Heikertinger。

［识别特征］又名潜叶绿跳甲、硬壳虫等。成虫体长2.8～3.5毫米，椭圆形。头黄褐色，前胸背板及前翅金绿色有光泽，小盾片淡红色，每足胫端具1刺。卵椭圆形，初产时深黄色，后变暗微灰。老熟幼虫胸部前窄后宽呈梯形，体黄色，头部色较深。

［为害规律］成虫取食叶片成缺刻或孔洞，幼虫为害规律和柑橘潜叶甲相似。1年发生1代，以成虫在寄主附近土中或树皮裂缝中越冬。3月下旬至4月上旬成虫出蛰，4月中、下旬至5月初为幼虫为害盛期。

［防治方法］参照柑橘潜叶甲的防治。

枸橘潜叶甲成虫及其为害状

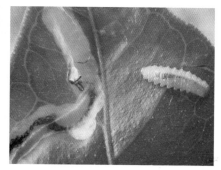

枸橘潜叶甲幼虫及其潜道

卷 叶 蛾 类

为害柑橘的卷叶蛾类害虫13种，主要有拟小黄卷叶蛾 [*Adoxophyes cyrtosema* (Meyrick)]、褐带长卷叶蛾 [*Homona coffearia* (Meyrick)] 和拟后黄卷叶蛾 [*Archips micaceana* var. *compacta* (Nietner)]。

[识别特征]

拟小黄卷叶蛾：又名柑橘褐带卷蛾、柑橘丝虫。成虫体长 7~8毫米，体黄褐色。前翅近长方形。雄蛾前翅后缘近基角处有方形黑褐斑，两翅合并成六角形的斑。雌蛾前翅近基角1/4处有1褐色纹达后缘1/3处，在前缘近基角处有褐色斜纹横向后缘中后方。幼虫前胸背板淡黄色。

褐带长卷叶蛾：又称茶卷叶蛾、柑橘长卷蛾、咖啡卷叶蛾等。成虫前翅底色暗褐色，基部有黑褐色斑纹，从前缘中央斜向后缘中央，有1深褐色宽带，顶角深褐色。卵淡黄色，椭圆形，鱼鳞状排列，卵块椭圆形，上覆盖胶质薄膜。幼虫头、前胸背板黑褐色，之间有一宽白色横线。

拟小黄卷叶蛾成虫、幼虫

拟小黄卷叶蛾幼虫为害幼果

褐带长卷叶蛾成虫、幼虫和卵块

褐带长卷叶蛾幼虫为害叶果

拟后黄卷叶蛾雄成虫（左）、雌成虫（右）和幼虫

拟后黄卷叶蛾：雌成虫长8毫米，黄褐色，前翅具网状褐色纹，两翅合拢形似裙子；雄虫前翅前缘近顶角前方有黑褐色指甲形纹，后缘基部有深褐色梯形纹，两翅合拢时，中部形成长方形纹。幼虫头、前胸背板红褐色，前胸背板后缘两侧黑色。

[为害规律] 卷叶蛾类害虫以幼虫咬食嫩梢、幼叶、花蕾和果实，并缀叶成苞，藏于苞内造成取食嫩叶成透明斑或孔洞，为害果实成小坑洼或蛀入果内，引起落果。多以老熟幼虫在卷叶中、树干缝隙或杂草落叶中越冬；成虫昼伏夜出，对糖、酒和醋等发酵物有趋性。拟小黄卷叶蛾1年发生7～9代，卵块多产于叶片正

面。褐带长卷叶蛾1年发生4～7代，卵多块产于叶面主脉附近或叶面稍凹下部分。拟后黄卷叶蛾1年6～7代。

[防治方法] 捕杀树上越冬的幼虫和蛹，摘除卵块、虫苞；成虫盛发期可灯光诱杀或配制糖醋液（红糖∶黄酒∶醋∶水=1∶2∶1∶6）诱杀。越冬代幼虫出蛰期和第一代幼虫孵化盛期是化学防治主要时期，当幼虫3～5头/株时即可施药防治，药剂可选用2.5%溴氰菊酯乳油2 500～3 000倍液、90%敌百虫晶体800～1 000倍液（加0.2%洗衣粉）、80%敌敌畏乳油1 000倍液等。

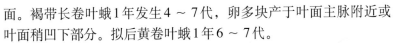

柑 橘 凤 蝶 类

已记载的柑橘凤蝶类有11种，为害较重的有柑橘凤蝶（*Papilio xuthus* Linnaeus）和玉带凤蝶（*Papilio polytes* Linnaeus）。

[识别症状]

柑橘凤蝶：又名橘黄凤蝶、黄菠萝凤蝶和橘黑黄凤蝶等。成虫有春型和夏型两种，春型体长21～24毫米，雌虫略大于雄虫。翅黑色，前翅近三角形，近翅外缘有8个月牙形黄斑，翅中央从前缘至后缘有8个由小渐大的1列黄色斑纹，翅基近前缘处有6条放射状黄色点线纹，中室上方有2个黄色新月斑，后翅长圆形，近翅外缘有6个月牙形黄斑。夏型体大，长27～30毫米，黄斑较大，黑色部分较少。卵圆球形，略扁，淡黄色，后渐变为深黄色。低龄幼虫黑褐色，形似鸟粪，有肉瘤状突起，老熟时体长40～48毫米，后胸有眼斑，臭腺角橙黄色。

玉带凤蝶：又叫白带凤蝶、黑凤蝶、缟凤蝶。成虫体长25～28毫米，黑色。雄蝶前翅外缘有7～9个黄白色小斑纹，后翅中部有1列白色斑纹，前、后翅斑点相连似玉带。雌蝶有两种，黄斑型与雄蝶相似，但后翅近外缘处有半月形深红色小斑点数个，赤斑型后翅中央有2～5个黄白色椭圆形斑。卵圆球形，初为淡黄色，渐变为深黄色。老熟幼虫体长45毫米，体油绿至深绿色；后

柑橘凤蝶成虫、卵、幼虫和蛹

玉带凤蝶雄成虫（左）和雌成虫（右）

胸前缘有1齿状黑线纹，腹部第二节前缘有黑带1条，第四、五节两侧各有1条灰黑色斜纹，臭腺角紫红色。

玉带凤蝶的卵、幼虫和蛹

[为害规律] 凤蝶类害虫主要以幼虫为害柑橘的芽、嫩叶和新梢，初龄时咬食叶片成缺刻或孔洞，长大后会将叶片全部吃光，仅留叶柄。每年3～6代，以蛹附着在枝干、叶背及附近其他植物等隐蔽处越冬。幼虫4～5月开始为害，6～7月为害夏梢，9～10月为害秋梢。

[防治方法] 清除越冬虫蛹，捕杀成虫、幼虫，摘除卵粒。严重发生的苗圃、果园，在幼虫一至二龄高峰期及时喷药，常用药剂有2.5%溴氰菊酯乳油或10%氯氰菊酯乳油2 000～3 000倍液、100亿/克青虫菌可湿性粉剂1 000倍液。

尺　蠖　类

柑橘尺蠖类有油桐尺蠖（*Buzura suppressaria benescripta* Prout）、大造桥虫（*Ascotis selenaria* Schiffermuller et Denis）、大钩翅尺蛾（*Hyposidra talaca* Walker）等。

[识别特征]

油桐尺蠖：又名海南油桐尺蠖，为油桐尺蠖的1个亚种。雌成虫触角丝状，雄虫羽毛状。前翅白色并有灰黑色小点，自前缘至后缘有3条黄褐色波状纹，以近外缘的1条最明显，雄虫中间的1条不明显，腹末有1丛黄褐色毛。卵堆叠成块，上有黄褐色茸毛。幼虫体色多变，头中央下凹，两侧呈角状突，腹部第六节、第十节各有腹足1对；气门紫红色，无瘤突。

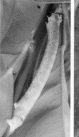

油桐尺蠖成虫、幼虫、卵块及初孵幼虫

油桐尺蠖为害的叶片

油桐尺蠖为害果实

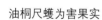

大造桥虫成虫和幼虫

大钩翅尺蛾雌成虫（左上）、雄成虫（左下）和幼虫

大造桥虫：成虫前、后翅均有黑褐色波状纹和1不规则的灰色星状斑，翅内外线为灰黑色，全翅散布黑褐色及淡褐色鳞片。幼虫第二腹节背面有1对较大棕黄色瘤突，第八腹节有1对较小瘤突。

大钩翅尺蛾：成虫前、后翅均有两条赤褐色波状线从前缘伸向后缘，波状线内侧紧邻赤褐色横带，前翅外缘近顶角处有1弧形内凹，似钩状。幼虫第二至七腹节背面各有1条点状白色横线，无瘤突。

[为害规律] 尺蠖类主要以幼虫取食叶片，造成叶片缺刻，严重时可将新叶和老叶吃光，只留下秃枝，也啃食果皮。

油桐尺蠖每年发生2～4代，以蛹在土壤中越冬。于翌年3月下旬至4月初羽化，第二、三代幼虫为害最重，卵块产于柑橘叶背。大造桥虫1年可发生4～5代，以蛹在土中越冬。大钩翅尺蛾在福建每年发生5代左右。

[防治方法] 翻耕在距主干50～60厘米范围内的土壤灭蛹，捕捉幼虫，刮除卵块，灯诱成虫。老熟幼虫未入土前，铺设塑料薄膜在主干周围，其上铺松土7～10厘米，诱集幼虫化蛹，集中

消灭。第一、二代的一至二龄幼虫高峰期喷药，可选药剂：90%敌百虫晶体600～800倍液、50%杀螟松乳油500倍液、80%敌敌畏乳油800～1000倍液、2.5%溴氰菊酯乳油2000～3000倍液、300亿/克青虫菌可湿性粉剂1000～1500倍液。

象 虫 类

为害柑橘的象虫常见的有柑橘灰象虫（*Sympiezomias citri* Chao）、大绿象虫（*Hypomeces squamosus* Fabricius）和小绿象虫（*Platymycteropsis mandarinus* Fairmaire）。

[识别特征] 柑橘灰象虫雌虫体长9.5～12.5毫米，雄虫略小。体被淡褐色和灰白色鳞片，触角沟细而深，鞘翅基部灰色，中部具1条灰白色横带，喙背漆黑色，中央有1纵凹沟，前胸背板密布瘤突，中央有1宽大漆黑色斑纹，纹中央有1纵沟，前足胫节内缘有明显的齿，雌虫鞘翅末端较狭长，合成近W形，无后翅。大绿象雌虫体长15～18毫米，体表面有绿、黄、棕、灰等发光的鳞片和灰白色毛。触角沟细而深，喙的背面有宽而深的中沟，前足胫节内缘无明显的齿。小绿象虫体长约5～9毫米，体密被淡绿色或

灰象虫及为害状　　　　小绿象虫及为害状

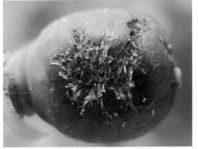

| 大绿象虫成虫 | 灰象虫为害的果实 |

黄褐发绿的鳞片。鞘翅卵形，背面密布细而短的白毛，触角沟宽而浅，位于喙的背面，触角沟基部外缘扩大，成耳状。

[为害规律] 象虫食性杂，主要以成虫取食嫩叶、春梢、幼果为害。叶片被吃后残缺不全，嫩梢被啃食成凹沟，幼果被咬后果皮呈凹陷缺刻伤痕，导致落花落果。

柑橘灰象虫和大绿象虫1年1代，灰象虫少数2年1代，以幼虫和成虫在土中越冬；小绿象虫1年2代，以幼虫在土中越冬。柑橘灰象虫翌年3月底越冬成虫开始出土活动，群集为害春梢嫩叶，4～5月为害幼果，4月中旬至5月上旬为该虫发生盛期，卵块多产于重叠叶片之间的叶边缘。大绿象成虫4月中旬开始活动，6月中下旬为出土高峰期，卵多产于叶上。小绿象虫成虫4月底5月初开始活动，5月底6月初为发生盛期，卵产于叶上，孵化后入土取食植物根部和腐殖质。

[防治方法] 冬季深耕橘园，消灭部分越冬成虫和幼虫。利用成虫假死性，振动树干人工捕杀成虫。春季用30厘米宽塑料薄膜胶环包扎树干阻止成虫上树。也可悬挂灰象甲诱卵条带装置，引诱成虫产卵，集中消灭。发生严重时，成虫出土高峰期，用50%辛硫磷乳油1 000～2 000倍液处理土壤或喷洒地面，上树为害盛期树冠喷药防治，药剂有：20%甲氰菊酯或2.5%溴氰菊酯乳油2 000～3 000倍液、90%敌百虫晶体800～1 000倍液、80%敌敌畏乳油800倍液等。

刺 蛾 类

刺蛾种类大约有500种，在柑橘上为害的主要是扁刺蛾[*Thosea sinensis* (Walker)]、褐边绿刺蛾（*Latoia consocia* Walker）、黄刺蛾（*Cindocampa flavescens* Walker）、丽绿刺蛾 [*Latoia lepida* (Cramer)] 等。

[识别特征]

扁刺蛾：体暗灰褐色，前翅灰褐稍带紫色；前翅前缘近顶角处向后缘有1条暗褐色斜纹，雄虫斜纹内侧中室上角有1黑点。幼虫体绿色或黄绿色，背中线灰白色，体边缘每侧有10个生有刺毛的瘤状突起，第四节背面两侧各有1红点。

褐边绿刺蛾：头顶、胸背绿色，腹部灰黄色；成虫胸背中央有1棕色纵线，前翅和胸背翠绿色，基部暗褐色，外缘有淡黄色宽带，带内外两侧各有1条褐色纹。幼虫背线绿色，两侧有深青色点线，腹末有蓝黑色毛丛，枝刺短。

黄刺蛾：前翅黄色，有3个褐斑，前翅近顶角至后缘有两条褐色斜纹，在翅尖汇合成一点，呈倒 V 形。幼虫体背有黄绿色哑铃

扁刺蛾成虫和幼虫

状斑，体侧中部有2条蓝色纵纹。

丽绿刺蛾：胸背中央具1条褐色纵纹，延伸至腹背。触角基部雌蛾丝状，雄蛾双栉齿状。前翅绿色，肩角处有1块深褐色尖刀形基斑，外缘具深棕色宽带。幼虫背中央具3条紫色或暗绿色带。

[为害规律]　主要以幼虫取食叶片为害，低龄幼虫集中为害，栖息叶片背面，取食叶肉成透明网状；高龄幼虫则分散为害，可

扁刺蛾幼虫为害叶片

丽绿刺蛾成虫

黄刺蛾成虫、幼虫和茧

褐边绿刺蛾成虫和幼虫

将叶片吃光或成缺刻，仅留主脉和叶柄，有时扁刺蛾幼虫还取食柑橘果实表皮，引起果实腐烂。刺蛾1年发生1～3代。黄刺蛾、褐边绿刺蛾的卵产于叶背，而扁刺蛾卵多散产于叶面。黄刺蛾、褐边绿刺蛾的初孵幼虫群栖，长大分散为害，食量大增；扁刺蛾初孵幼虫先食卵壳，再啃食叶肉。均以老熟幼虫在茧内越冬，褐边绿刺蛾和扁刺蛾的茧暗褐色，在树下周围3～6厘米土层内，黄刺蛾茧似麻雀蛋，上有灰白色条纹，在枝条上。

[防治方法] 冬春翻土清园，清除树枝上或土壤中的越冬虫茧；在幼虫孵化盛期人工摘除虫叶；成虫羽化期，灯光诱杀成虫；发生严重时，于低龄幼虫高峰期喷药防治，药剂有：2.5%溴氰菊酯乳油2 000～3 000倍液、48%毒死蜱乳油1 200～1 500倍液、35%阿维菌素·辛硫磷乳油1 000～1 500倍液、90%敌百虫晶体1 500～2 000倍液、25%灭幼脲3号胶悬剂1 000～1 500倍液等。

蓑 蛾 类

为害柑橘的蓑蛾类害虫主要有茶蓑蛾（*Cryptothelea minuscala* Butler）和大蓑蛾（*Clania variegata* Snellen）。

[识别特征]

茶蓑蛾：又名茶袋蛾。护囊外黏附平行排列小枝梗。雌成虫体长12～16毫米，体乳白色，无翅，足退化。头褐色，胸部有显著黄褐色斑。雄蛾体暗褐色，体长11～15毫米，前翅外缘前方有2个近长正方形透明斑点，胸部有2条白色纵纹。

茶蓑蛾护囊及幼虫

大蓑蛾：又名大袋蛾、大背袋虫。护囊纺锤形，囊表附有较大树叶或少数排列不整齐的枝梗。雌成虫体蛆形，多茸毛，表皮透明，翅、足退化。雄蛾前翅红褐色，近外缘有4～5个透明斑。卵淡黄色，具有光泽，椭圆形。雌幼虫三龄后头顶有环状斑，雄幼虫头顶有"人"字形纹。

[为害规律] 蓑蛾主要以幼虫咬食叶片、嫩梢以及剥食枝干、果实皮层，造成缺刻、空洞，致使果实腐烂脱落等。

茶蓑蛾1年发生1～3代，大蓑蛾1年发生1～2代。均以幼

大蓑蛾幼虫及护囊

虫在护囊中越冬，翌年3～4月开始活动取食。雌虫交尾后将卵产在护囊内，初孵幼虫有群居为害的习性，老熟幼虫在护囊内化蛹。

[防治方法] 及时摘除带幼虫的护囊，集中烧毁。灯光诱杀成虫。发生严重时，于卵孵化高峰期喷药防治，喷药时间以傍晚最好，清晨次之。药剂有：2.5%溴氰菊酯乳油2 000～2 500倍液、20%甲氰菊酯乳油或10%氯氰菊酯乳油3 000～4 000倍液、80%敌敌畏乳油800～1 000倍液、90%敌百虫晶体1 000倍液等。

双 线 盗 毒 蛾

[学名] *Porthesia scintillans* (Walker)。

[识别特征] 成虫体长10～13毫米，黄褐色，前翅赤褐色，有2条黄色弧形曲线，前缘、外缘和缘毛柠檬黄色，后翅淡黄色。幼虫体长22毫米左右，前、中胸及腹部第三至七节、第九节背面有1黄线，中央有1红线贯穿，第一、二、八腹节背面有黑色绒球状短毛丛。

[为害规律] 在福建每年发生3～4代，以幼虫越冬，以幼虫取

双线盗毒蛾成虫、幼虫及其为害叶片状

食嫩芽、叶片、花器和幼果为害。初孵幼虫群集在叶背啃食叶肉，残留上表皮，二至三龄后分散为害，将叶片咬成缺刻、穿孔，严重时仅剩网状叶脉。老熟幼虫吐丝结茧黏附在残株落叶上或入表土化蛹。

［防治方法］于初龄幼虫高峰期喷药防治，药剂有：10%氰戊菊酯乳油1 500～2 000倍液、80%敌敌畏乳油800倍液等。

蝗　虫

柑橘上的蝗虫主要有棉蝗（*Chondracris rosea* De Geer）、短额负蝗（*Atractomorpha sinensis* Boliva）、短角异斑腿蝗（*Xenocatantops brachycerus*）等。

［识别特征］棉蝗体粗大，体长50～80毫米，体鲜绿带黄，前翅翅基红色。前胸背板中隆线凸起，两侧各具3条横沟。中胸腹板侧叶狭长，其内缘近乎直角形，或其内缘的下角为锐角形。短额负蝗体较小，体长20～30毫米，虫体淡绿或褐色，体表有浅黄色瘤状突起，头尖削，额较短，额面隆起狭长，中间有纵沟。短角异斑腿蝗体长17～28毫米，黄褐色或暗褐色，前胸背板具小瘤突，前胸背板后缘侧面有1条黄白色斜纹，后腿有两条深褐色平行宽斜斑，体色会随环境改变而改变，但后腿处的斜斑一般不会改变。

［为害规律］蝗虫主要以成虫和若虫取食叶片、新梢和幼果，取食叶片成缺刻或孔洞，幼果受害处则常形成下凹疤痕。为害严重时果园仅残留叶柄，整条枝梢被取食干净，严重影响柑橘的生长。棉蝗1年1代，短额负蝗和短角异腿蝗每年发生3～4代，均以卵在土中越冬。

短角异斑腿蝗成虫

［防治方法］冬季深翻土壤，除去越冬卵块，清晨

棉蝗（左）和短额负蝗（右）成虫

人工捕杀成虫。严重时，在三龄前若虫群集为害期喷药防治。药剂有：20%氰戊菊酯乳油2 000～3 000倍液、50%马拉硫磷乳油1 000倍液、80%敌敌畏乳油1 000～1 500倍液、90%敌百虫晶体800倍液等。

金 龟 子 类

我国橘园常见的金龟子有小青花金龟（花潜金龟子，*Oxycetonia jucunda* Faldermann）、斑青花金龟（也称为花潜金龟，*Oxycetonia bealiae*）、白星花金龟（*Potosia brevitarsis* Lewis）、铜绿金龟子（*Anomala corpulenta* Motschulsky）等，其中铜绿金龟子、小青花金龟和斑青花金龟发生为害较普遍。

白星花金龟成虫　　　铜绿金龟子成虫　　　斑青花金龟成虫

［识别特征］常见金龟子成虫形态特征见表3-1。

表3-1　常见金龟子成虫形态特征

	铜绿金龟子	斑青花金龟	小青花金龟	白星花金龟
成虫	体长18～21毫米，体椭圆形，铜绿色，有光泽；前胸背板和鞘翅侧缘及腹面黄褐色，每鞘翅具4条纵肋	体长11.7～14.4毫米，前胸背板有"山"字形红褐色斑，鞘翅各有1个黄色大斑和5～7个白色小斑	体长11～16毫米，深绿色；前胸背板和鞘翅均为暗绿色或赤铜色，密生黄色绒毛；鞘翅散生红黄色或黄白色斑纹多个；腹部两侧各有6个黄白色斑纹	古铜色或黑紫铜色，有光泽，前胸背板、鞘翅和臀板上有白色绒状斑纹（多为横波线纹状，以区别小青花金龟）

［为害规律］金龟子成虫、幼虫均可为害。铜绿金龟子和白星花金龟成虫啃食植物的叶片、嫩梢、花和蕾；小青花金龟、斑青花金龟成虫则主要取食花瓣、花

小青花金龟成虫

斑青花金龟取食花药

蕊和柱头，舔食子房，引起落花，降低坐果率，同时造成机械伤害，形成果面伤痕。此外金龟子成虫也啃食果面。幼虫（蛴螬）生活于土中，啃食植物根和块茎或幼苗等地下部分，但白星花金龟幼虫以腐草、粪肥为食，一般不为害植物地下部分。

铜绿金龟子、白星花金龟、斑青花金龟和小青花金龟1年发生1代，均以幼虫在土中越冬。铜绿金龟子成虫白天潜伏，夜间活动，有趋光性，成虫盛发期为5月下旬至7月中旬；小青花金龟成虫白天活动，飞翔力强，有群集习性，成虫活动为害盛期为4月中旬至5月上旬；斑青花金龟成虫飞行力强，夜间入土或在树上潜伏，白天活动，5～9月陆续羽化出土，8月下旬发生数量多；白

星花金龟成虫5月始现，7～8月为发生盛期。

[防治方法]冬季翻耕，杀死土中越冬幼虫。人工捕杀和糖醋液、灯光诱杀成虫。发生严重时可喷药防治，药剂有：50%辛硫磷乳油1000倍液、90%敌百虫晶体1000倍液、20%甲氰菊酯乳油2500～3000倍液等。

同 型 巴 蜗 牛

[学名] *Bradybaena similaria*（Ferussac）。

[识别特征]同型巴蜗牛又名小螺丝、触角螺等，成贝黄褐色，螺壳高约12毫米，壳面黄褐色、红褐色或梨色，有5个或6个螺层，壳面螺层周缘及缝合线上常有1条褐色带，壳口马蹄形。卵为白色，球形，孵化前呈灰黄色。幼贝淡黄色，形似成贝，但个体较小，有群集性。

[为害规律]成螺、幼螺均可为害，主要是取食柑橘幼嫩枝叶以及果实皮层，受害嫩叶呈网状孔洞，幼果被害处组织坏死，呈现不规则凹陷状，严重影响果实外观和品质。

1年发生1～2代，以成贝在枯枝落叶中或土中或以幼贝在作物根部土中越冬。翌年3月中旬开始活动，蜗牛喜潮湿，卵产在疏松的湿土中。阴雨天气较多年份发生较多。主要为害期是5～7

同型巴蜗牛成螺、幼螺及其为害状

月、9～12月。

[防治方法] 及时清除橘园杂草和枯枝落叶，产卵期中耕晒卵；用石灰粉、草木灰等撒施在被害植株周围以驱灭蜗牛；在4月上中旬和5月中下旬蜗牛未交配产卵和大量上树前的盛发期，可撒施毒土防治，常用药剂有：8%灭蜗灵颗粒剂，每亩用1千克拌10～15千克干细土；每亩用6%四聚乙醛465～665克拌干细土10～15千克等。

野 蛞 蝓

[学名] *Agriolima agrestis* (Linnaeus)。

[识别特征] 野蛞蝓又名无壳蜓蚰螺、鼻涕虫、黏虫等。成贝雌雄同体，纺锤形，不具贝壳，黑褐色或灰褐色，头前端有2对能收缩的暗黑色触角。成贝体背前端1/3～2/3处有1外套膜，保护头部和内脏，在外套膜的中后部下方，有1个外套腔。

[为害规律] 野蛞蝓成贝、幼贝以齿舌刮食叶片、幼果和枝条，并排泄粪便污染叶片，被污染的叶片易被菌类侵袭。一年内各地发生代数不同，以成贝或幼贝在植物根部土壤中越冬。蛞蝓在南方的两个活动高峰期分别在4～6月和9～10月，北方7～9月。

[防治方法] 用树叶、杂草等诱集蛞蝓，集中捕捉。药剂防治可选灭蛭灵800～1 000倍液、10%多聚乙醛颗粒剂等，其他可参照蜗牛防治方法。

野蛞蝓

实 蝇 类

为害柑橘的实蝇类害虫已知有9种，我国主要有橘大实蝇 [*Bactrocera minax* (Enderlein)]、蜜柑大实蝇 [*Bactrocera tsuneonis* (Miyake)] 和橘小实蝇 [*Bactrocera dorsalis* (Hendel)]。

[识别特征]

橘大实蝇：俗称柑蛆，成虫体长12～13毫米，体黄褐色。中胸盾片中央区有1条深茶色至暗褐色的"人"字形斑纹，两侧各有1条黄色带状纵纹，胸鬃6对，肩板鬃1对，无前翅上鬃。腹背中央有1条黑色纵纹，与腹部第三节近前缘的黑色横纹，相交成"十"字形。雌虫产卵管圆锥形，基节长度约等于腹部（第一至五腹节）长度。卵为长椭圆形，两端透明，中间乳白色。幼虫蛆形，乳白色，前气门扇形，上有乳状突起30多个；后气门片新月形，上有3个长椭圆形气孔，周围有扁平毛群4丛。

蜜柑大实蝇：外形酷似橘大实蝇，黄褐色。雌虫体长（不包括产卵管）10.1～12.0毫米。其与橘大实蝇的主要区别是具前翅上鬃1～2对，肩板鬃2对，胸鬃8对，产卵器基节长度为腹部（第一至五腹节）长的一半。雄虫腹部第五腹板后缘向内凹陷的深度达此腹板长度的1/5。幼虫体细长，前气门"丁"字形。

橘小实蝇：又称东方果实蝇、黄苍蝇、针蜂等。成虫体长7～8毫米，胸部黑色，肩胛、背侧胛、中胸侧板、后胸侧板大斑点和小盾片均为黄色，小盾片端鬃1对，腹部背面有"丁"字形纹，翅透明，脉黄色，无翅顶斑（区别瓜实蝇）。卵乳白色，长约1毫米，梭形，两端尖。幼虫蛆式，黄白色，长10.0～11.0毫米，口钩黑色。前气门呈小环状，有10～13个指突；后气门板1对，新月形，其上有6个椭圆形裂孔。

[为害规律] 实蝇类成虫产卵于柑橘幼果中，在表皮上留下明显的产卵痕。幼虫孵化后在果实内蛀食果肉，未熟先黄，形成蛆柑，造

成落果。老熟幼虫入土化蛹。橘大实蝇、蜜柑大实蝇只为害柑橘类，1年发生1代，以蛹在土表下越冬；而橘小实蝇可为害包括柑橘在内的250多种果蔬植物，1年发生3～9代，无严格的越冬过程。

　　[防治方法]　严格检疫，禁止将蛆果携带到他处或乱丢弃。加强柑橘交易场所的监督管理，场地要硬化，废虫果应及时处理。在受害果园里，及时摘除树上有虫青果和过熟果实，捡拾落果，以水浸、焚烧、深埋等方式及时处理虫果。冬季清园翻耕，杀灭越冬蛹。在成虫交配产卵盛期，可用商业诱饵或自制红糖毒饵、蛋白毒饵等挂瓶、点喷或条喷诱杀，还可用诱蝇醚（甲基丁香酚）、橘大实蝇性诱剂（华中农业大学园艺与城市昆虫研究所专利）作诱饵分别诱杀橘小实蝇和橘大实蝇成虫，在化蛹高峰期，用48%毒死蜱乳油800～1 000倍液、45%马拉硫磷乳油500～600倍液树冠周围地面泼浇或50%辛硫磷800～1 000倍液喷施地面。对发生严重的果园，在成虫产卵盛期早上9～10时成虫活跃期可施药喷洒树冠浓密处，喷2次以上，根据农药安全间隔期，至果实采收前10～15天停药。药剂选择高效低毒低残留的有机磷类和菊酯类：10%氯氰菊酯乳油2 000倍液、80%敌敌畏乳油1 000～2 000倍液。

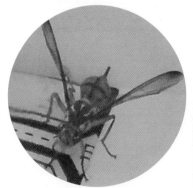

橘大实蝇成虫
橘大实蝇成虫产卵及产卵痕
（丁德宽提供）

橘大实蝇幼虫和蛹

橘小实蝇成虫、卵、幼虫和蛹

橘小实蝇产卵痕　　　　　　蜜柑大实蝇成虫（荣潞琪摄）

柑 橘 花 蕾 蛆

[学名] *Contarinia citri* Barnes。

[识别特征] 又名橘蕾瘿蝇、花蛆、包花虫等。成虫暗黄褐色，翅被细毛，强光下有紫色金属光泽。雌虫体长1.5～1.8毫米，头扁圆形，胸部背面隆起，前翅膜质透明，后翅特化成平衡棒。雌虫触角念珠状，雄虫触角哑铃状，卵长约0.16毫米，椭圆形，包裹一层胶质。初孵幼虫乳白色，后逐渐变为浅黄色，最后呈橙黄色，长约2.8毫米，前胸腹面的褐色剑骨片呈Y形。

[为害规律] 以幼虫蛀食花蕾为害，受害花蕾短，横径明显膨大呈灯笼状，花瓣多有绿点，不能开花而脱落。1年发生1代，少数2代，以老熟幼虫在土中结茧越冬。3月开始化蛹，3～4月花蕾露白期雨后成虫大量羽化出土，产卵于花蕾内。一般壤土、沙土和阴湿低洼的橘园有利于幼虫存活。

[防治方法] 冬季翻耕灭幼虫是防治花蕾蛆的关键；人工摘除虫蕾并将其深埋、烧毁，在成虫出土前覆盖地膜阻止成虫出土；严重果园，在花蕾顶端开始露白前3～5天和谢花初期幼虫脱蕾入土前每亩用50%辛硫磷乳油150～200克拌细土15千克撒施地面，分别毒杀羽化成虫和入土幼虫，7～10天1次，连施2次。柑橘现蕾期，成虫已上树，但尚未产卵前可树冠喷药1～2次毒杀成虫，药剂有75%灭蝇胺可湿性粉剂5 000倍液、90%敌百虫晶体或50%杀螟松乳油1 000倍液，以及菊酯类及其复配剂常用浓度喷洒防治。

柑橘花蕾蛆为害的花蕾（右下）和正常花蕾（左上）

柑橘花蕾蛆成虫和幼虫

橘实雷瘿蚊

[学名] *Resseliella citrifrugis* Jiang。

[识别特征] 又名柑瘿蚊。雌成虫浅褐色，体长1.3 ~ 1.5毫米，触角较长，节上密被细毛，腹部红褐色。雄成虫黄褐色，体长1.1 ~ 1.3毫米。卵初产时乳白色，后变为赤紫色。幼虫长2 ~ 4毫米，纺锤形，橘红色，末端有4个尖乳头状突起，前胸背板有黑褐色Y形骨片。

[为害规律] 成虫产卵于果蒂附近果皮表层，孵化后幼虫即蛀食果实海绵层，呈隧道状，但不蛀食果肉，以此区别实蝇。受害果初期有黄色水渍状斑点，后可见虫孔，并附有红色粉末状物质。重者果实呈不均匀发黄而脱落。1年发生3 ~ 4代，以老熟幼虫在土中结茧越冬。3月底至4月初羽化出土，羽化后1 ~ 2天即可交尾产卵。一般壤土、沙土有利于幼虫存活，3、4月份多阴雨有利于成虫羽化。

橘实雷瘿蚊幼虫

[防治方法] 该虫在我国仅局部分布，应严禁带虫

橘实雷瘿蚊为害状

果和带虫土苗木外运，以防扩散；摘除虫果和捡拾落果，以水浸、焚烧等方式及时处理。冬季翻耕灭幼虫发生严重的果园，在成虫羽化初期用40%毒死蜱乳油或50%辛硫磷乳油1 000～2 000倍液、2.5%溴氰菊酯乳油或20%氰戊菊酯乳油2 000～3 000倍液、90%敌百虫晶体1 000倍液等喷施地面，7～10天1次，连施2次。

桃 蛀 螟

[学名] *Dichocrocis punctiferalis*（Guenee）。

[识别特征] 成虫全体淡黄色，胸、腹部及翅上都具有黑色斑点，似豹纹。前翅上的黑斑有25～28个，后翅上有15～16个。幼虫头部暗褐色，体背暗红色，腹面淡绿色，前胸背板和臀板深褐色，中、后胸及第一至八腹节上各有黑褐色毛片8个，排成2列，前列6个较大，后2个较小。卵椭圆形，卵面粗糙，密布细小圆形刻点或网状花纹。

[为害规律] 以幼虫蛀食果实，造成果实变色脱落，蛀孔常流出透明的胶质，果内充满虫粪。1年2～5代，以老熟幼虫在各种寄主残骸或果仓的各种缝隙中结茧越冬。卵多散产在枝叶较密的果实上或果实之间相互靠紧的地方。初孵幼虫从果梗附近蛀入为害。老熟后多在果内、结果枝上及两果相接触处结茧化蛹。

[防治方法] 冬季清除玉米、向日葵等越冬寄主，以减少越冬虫源。可在果园散种少量的玉米或向日葵，以引诱成虫产卵；或5～9月用黑光灯或糖醋液诱杀成虫。摘除虫果深埋或沤肥，消灭果内幼虫。果实采收前，在树干上束草诱集幼虫化蛹，集中烧毁。为害严重的果园，于卵孵化期，特别第一代卵孵化期喷药防治，可用20％甲氰菊酯乳油或2.5％三氟氯氰菊酯乳油40毫升，75％硫双灭多威可湿性粉剂66.7～100毫升，50％杀螟硫磷乳油或80％敌敌畏乳油100毫升，50％杀螟丹可溶性粉剂100～200克，对水100升喷雾。也可采取果实套袋保护，套袋前喷药防治1次。

桃蛀螟为害状（谭振华摄）

桃蛀螟成虫、幼虫（谭振华摄）

橘 星 天 牛

[学名] *Anoplophora chinensis* (Forster)。

[识别特征] 橘星天牛又名星天牛、花牯牛等。幼虫又名烂根

虫、蛀木虫等。成虫漆黑色，有光泽，每个鞘翅上有白色绒毛斑约20个。卵呈米粒状，初为乳白色，后为黄褐色。幼虫乳白色，前胸背板前半部有两个飞鸟形花纹，后方有1块黄褐色的凸形大斑。

[为害规律]成虫、幼虫均可为害，成虫咬食树叶和树皮，幼虫钻蛀树干基部为害，排出白色或黄褐色粪屑，成堆积聚在树干基部周围，常因多头幼虫环绕树干蛀食成圈，又称"围头虫"，严重影响橘树生长，导致树枝枯黄落叶，重者整株枯死。1年发生1代，以幼虫在树干基部或主根内越冬，11～12月就开始越冬。成虫发生期为4月下旬至9月上中旬，卵产在树干基部离地面5厘米范围内。6～7月幼虫孵化，初孵幼虫在树皮下咬食皮层，并逐渐向下，可达根下17厘米以上，经过2个月以后才进入木质部。

[防治方法]冬季清园，堵塞枝干上洞口，使树干表面保持光滑。树干基涂白，减少星天牛成虫产卵。及时砍伐带虫衰老果树，带出园外烧毁。人工捕杀成虫，在树体流胶处刮杀虫卵，若发现有虫粪，即可用钢丝钩杀幼虫，或用脱脂棉蘸药塞入虫孔内，也可用注射器（不带针头）注入药液。常用药剂有80%敌敌畏乳油5～10倍液（蘸药）、20倍液（注射），磷化铝片（丸）等用完药后用黏土封塞洞孔。5月底至8月天牛成虫羽化出洞盛期，树冠和枝条可喷药防治。药剂有80%敌敌畏乳油、2.5%溴氰菊酯乳油2 000～3 000倍液。

橘星天牛成虫和幼虫

橘星天牛成虫为害的枝条

橘星天牛幼虫为害树干，白色粪屑
成堆积聚在树干基部

褐 天 牛

[学名] *Nadezhdiella cantori* (Hope)。

[识别特征] 褐天牛又名黑牯虫，幼虫又名老木虫、桩虫等。成虫黑褐色，有金属光泽，体长26～51毫米，鞘翅表面有黄色短茸毛，头顶复眼间有1条深纵沟，额中央有2条弧形深沟。前胸宽大于长，背面呈密而不规则的脑状皱纹，两侧各有1个尖状刺突。复眼小眼面较粗大，触角柄节长圆柱形，鞘翅缘角圆形。卵为椭圆形，长约3毫米，初产时为乳白色，后逐渐变为黄色、灰褐色。幼虫乳白色，体扁圆筒形，前胸背板有横列的4段棕色带。

[为害规律] 初孵幼虫蛀食树皮流胶，随后蛀入木质部，一般为害距地面16厘米以上的树干和主枝，蛀道纵横交错，受害枝常千疮百孔，导致树势衰退，易被风吹断，重者全株死亡。2～3年发生1代，以幼虫或成虫在树干蛀道中越冬。4月下旬至5月初为成虫出洞盛期，5～6月为产卵高峰期。卵产于在离地面16厘米以上的主干至3米高侧枝上的裂缝、树皮凹陷处以及两枝并生的缝隙内，特别以近主干分权处最多。幼虫蛀食树枝，老熟后在蛀道吐白垩质物封闭两端做1长椭圆形蛹室化蛹。

[防治方法] 参照橘星天牛防治方法。

褐天牛成虫　　　　　　　　　　褐天牛幼虫为害状

光 盾 绿 天 牛

[学名] *Chelidonium argentatum* (Dalman)。

[识别特征] 光盾绿天牛又名柑橘枝天牛、光绿天牛，俗称枝尾虫、吹箫虫。成虫体长24～27毫米，鞘翅墨绿色，有金属光泽，上面密布细点和皱纹，后足腿节紫蓝色。前中足胫节无斜沟，头部向前倾斜，复眼小，眼面较细。卵长扁圆形，黄绿色，长约4.7毫米。老熟幼虫体长46～51毫米，乳白色或淡黄色。头较小，红褐色，前胸背板前区红褐色，后区淡黄色，前缘具2块褐色背板，其前缘凹入，左右两侧各有1小硬板。

[为害规律] 以幼虫蛀食为害，初孵幼虫开始时向上蛀食，如果枝条太小就向下蛀食，直至枝干，每隔20厘米左右有1排屑孔，状如箫孔，故有吹箫虫之称。受害枝条枯萎枯死，易被风吹折。蛀道一道一虫，幼虫在最下面一个孔的下方。1年发生1代，少数2年发生1代。以幼虫在小枝蛀道中越冬。5月下旬至6月中旬为成虫出洞高峰期，卵单产在1～2年生的小枝杈，特别嫩枝与叶柄的

分权处，上面覆盖浅黄色蜡状物。5月中旬至7月上旬为孵化盛期，蛀食木质部，老熟幼虫将蛀道两端用白垩质分泌物封闭作蛹室化蛹。

[防治方法] 于6～7月光盾绿天牛幼虫盛发期，剪除被害枝梢，避免蛀入大枝是其防治关键措施。其他参照橘星天牛防治方法。

光盾绿天牛成虫

光盾绿天牛幼虫

光盾绿天牛产卵枝条

柑 橘 爆 皮 虫

[学名] *Agrilus auriventris* (Saunders)。

[识别特征] 柑橘爆皮虫又名柑橘锈皮虫、橘长吉丁虫。成虫体长6～9毫米，古铜色，有光泽，前胸背板密布指纹状皱纹。雄虫头部翠绿色，雌虫金黄色；鞘翅紫铜色，密布小刻点，有灰、黄、白色茸毛组成的不规则花斑。卵椭圆形，扁平，长0.5～0.7

毫米。成熟幼虫体扁平，淡黄色，长18～23毫米，表面多皱褶，头小，褐色，除黑褐色口器外均陷入前胸，前胸特别膨大，中、后胸小。腹部各节呈正方形或近圆形，末端有1对黑褐色钳状突。

[为害规律] 寄主仅限于柑橘类。初孵幼虫先在皮层浅处为害，树皮表面出现泡沫或褐色点状流胶。后期随着幼虫增大逐渐蛀入深处，形成迂回不规则虫道，虫道内塞满木屑虫粪，使树皮干枯裂开，故称爆皮虫。1年1代，少数也有两年1代的，多以老龄幼虫在树干木质部，少数以二、三龄幼虫在树干皮层越冬。卵主要产在近地面主干的裂缝处或高接换种未解薄膜的缝中，孵化后即侵入树皮浅层，随后幼虫逐渐向内蛀食，抵达形成层后，即向上下蛀食。

[防治方法] 清除死树、枯枝，集中烧毁，减少虫源。在成虫出洞高峰期进行树冠喷药防治，药剂有：80%敌敌畏乳油2 000倍液、90%敌百虫晶体1 000～1 500倍液等，或刮除树干被害部分的翘皮，用80%敌敌畏乳油3倍液涂树干流胶处，杀死皮层下幼虫。

柑橘爆皮虫幼虫为害枝干

柑橘爆皮虫成虫和幼虫

柑 橘 溜 皮 虫

[学名] *Agrilus* spp.。

[识别特征] 柑橘溜皮虫又名柑橘车皮虫、柑橘缠皮虫。成虫体长10毫米左右，黑褐色，略带铜色光泽。头、胸、翅前中部以上区等宽，从鞘翅中后部渐向尾端收拢。前胸背板中部前后可见2处浅宽凹窝。鞘翅上密布细小刻点，翅面上有许多不规则白色细毛形成的花斑，鞘翅末端约1/3处银白色斑最明显。幼虫成熟时体长23～26毫米，白色扁平，前胸特别膨大，各节两侧近后缘角状突出，腹部末端具1对黑褐色钳形突起，末端平截。卵包子形，初产时乳白色，后期黄色。

[为害规律] 仅为害柑橘类，成虫、幼虫均可为害，成虫取食柑橘嫩叶，幼虫为害枝条。幼虫孵出后先在枝条皮层为害，被害处表面有泡沫状流胶。随后在皮层与木质部之间螺旋状蛀食，被害稍久的枝条外表可见树皮沿着虫道愈合的痕迹，形成"溜道"，造成树皮剥裂、枝条上部枯死。1年发生1代，以幼虫在树枝木质部越冬。翌年4月上旬开始化蛹，5月上旬开始羽化，中旬开始出洞。卵散产在枝干表皮凹陷处，有绿褐色物覆盖。

柑橘溜皮虫成虫

被柑橘溜皮虫为害的枝干

[防治方法] 剪除枯枝、虫枝，集中烧毁，减少虫源。6月下旬至7月上旬幼虫孵化盛期，在泡沫状胶液处用刀刮杀幼虫。于成虫开始羽化而尚未出洞前，在幼虫进口孔周围1.5厘米范围内，涂抹80%敌敌畏乳油加黏土10～20倍和水调成的药剂。成虫出洞高峰期，用80%敌敌畏乳油600倍液或2.5%溴氰菊酯乳油3 000倍液喷洒树冠。

小 蠹 虫 类

我国报道为害柑橘的小蠹虫有3种，分别是光滑材小蠹 (*Xyleborus germanus* Blandford)、坡面材小蠹 (*X. interjectus* Blandford) 和暗翅材小蠹 (*X. semiopacus* Eichhoff)。

[识别特征] 光滑材小蠹雌虫体长2.0～2.3毫米，体表光亮，红褐至黑褐色。鞘翅前后部光泽一致，鞘翅刻点沟中与沟间相似，均为一般的凹陷刻点，鞘翅斜面的下侧缘边突起上翘。坡面材小蠹体长3.6～4毫米，成虫羽化时黄褐色，老熟虫体黑色具光泽。鞘翅上沟中的刻点大平浅，相距紧密，沟间的刻点小，

暗翅材小蠹成虫

点心突起成粒，较为稀疏。头隐藏在前胸背板下，侧面观鞘翅末端形成均匀缓和的坡面。暗翅材小蠹体长2.8～3.0毫米，红褐色，鞘翅前半部光亮，后半部灰暗。

[为害规律] 幼虫蛀食树干和主枝，从外往木质部蛀食，蛀道纵横交错，蛀孔遍及树干（枝），造成树（枝）枯死。光滑材小蠹1年发生1代，以成虫在虫道、朽木中越冬，侵入期在4月上旬至5月中旬。坡面材小蠹1年发生3代，以成虫越冬，成虫发生盛期分

小蠹虫为害树干状

别在5月底至6月初、7月中下旬和9月上中旬。暗翅材小蠹以成虫在主干或断枝内越冬，越冬成虫繁殖为害在5月初。

〔防治方法〕及时砍伐受害重、濒死或枯死的植株并烧毁。发现初侵害树，用含敌敌畏等农药的棉球塞入蛀孔，并用泥土封口毒杀虫体。晴暖天利用虫体喜在洞口周边活动等习性，选用90%敌百虫晶体1 000倍液及菊酯类农药等进行喷洒树干触杀。

咖　啡　豹　蠹　蛾

〔学名〕*Zeuzera coffeae* Nietner。

〔识别特征〕咖啡豹蠹蛾又称咖啡木蠹蛾、豹纹木蠹蛾等。雌蛾体长18～25毫米，雄蛾体长15～20毫米，蛾体被灰白色鳞毛，胸背有2行共6个青蓝色斑点。前翅灰白色，各室散生大小不一的青蓝色短斜斑点。幼虫全体被稀疏白色细毛，前胸背板黄褐色，前缘有1对子叶形黑斑，后缘黑褐色弧形拱起，有5列小齿状突起，其他体节背面淡紫红色，腹面黄白色。

[为害规律]主要以幼虫蛀食1～3年生柑橘枝干木质部，隔一段有1排粪孔，致使柑橘枝干中空枯死。1年发生1代，以幼虫在蛀道内缀合虫粪木屑封闭两端静伏越冬。4月下旬至6月下旬化蛹，5月中旬成虫开始羽化。卵块产于孔洞或缝隙处，幼虫有转梢为害习性。

咖啡豹蠹蛾成虫

[防治方法]及时剪除虫枝，并集中烧毁。成虫发生高峰期，可设灯诱杀。卵孵化盛期，初孵幼虫未蛀入枝梢前，喷雾90%敌百虫晶体1 000倍液；幼虫高峰期，可用80%敌敌畏乳油20～50倍液灌注蛀道，然后堵塞排粪孔毒杀幼虫。

咖啡豹蠹蛾幼虫

咖啡豹蠹蛾为害状

第四章　柑橘病虫害绿色防控技术

　　我国农作物每年因病虫草害使用农药约31万吨（100%有效成分），化学农药防治面积45亿～60亿亩次。我国农药使用量超过世界的25%，远高于我国耕地面积占世界耕地面积的比例。为确保农产品质量安全和生态环境安全，安全高效的农作物病虫害绿色防控技术显得日益重要。有害生物绿色防控是指以确保农业生产、农产品质量和农业生态环境安全为目标，以减少化学农药使用为目的，优先采取生态控制、生物防治和物理防治及科学用药等环境友好型技术措施控制农作物病虫为害的防控措施（农办农〔2011〕54号）。柑橘害虫害绿色防控是指以柑橘安全生产和提升品质及保护生态环境、减少化学农药使用为目标，以植物检疫、无病苗木使用为前提，农业防治为基础，协调应用农业防治、生物防治、物理防治、植物源和矿物源农药等非化学防治技术，辅以科学精准用药等柑橘病虫害环境友好型防控技术措施，将有利于保护天敌，充分发挥自然天敌的控害作用，保护生态环境，改善和提高柑橘园生态系统和生物多样性对柑橘病虫的自控能力，以达到病虫害生态控制的目的。本章重点介绍柑橘病虫害绿色防控技术体系中的非化学防治技术，科学精准用药技术见第五章。

一、植物检疫

　　严格检疫、防止检疫性病虫害传播蔓延是柑橘病虫害绿色防控的重要措施之一，我国目前已公布了19种（属）柑橘进境植物检疫性有害生物、3种全国农业植物检疫性有害生物，具体名单见表4-1。一方面，严格按照植物检疫法律法规，加强检疫检验和检疫处理，并通过建立疫区、非疫区和阻截带，杜绝柑橘危险性和检疫性病虫害扩散蔓延和传入新区；另一方面，已发生为害的疫区，应积极开展防治和根除工作，使检疫性病虫害控制在低度流行和经济损害允许水平之下，保证柑橘的安全生产。

表4-1　我国柑橘检疫性有害生物名单

检疫类别*	类型	有害生物名称
全国农业植物检疫性有害生物	病害	柑橘黄龙病菌（亚洲型）[*Candidatus* Liberibacter spp. (Asian)]、柑橘溃疡病菌 [*Xanthomonas axonopodis* pv. *citri*（Hasse）Vauterin et al.]
	害虫	蜜柑大实蝇（*Bactrocera tsuneonis* Miyake）
中华人民共和国进境植物检疫性有害生物	病害	柑橘黄龙病菌（亚洲型）[*Candidatus* Liberibacter spp. (Asian)]、柑橘溃疡病菌 [*Xanthomonas axonopodis* pv. *citri*（Hasse）Vauterin et al.]、柑橘斑点病菌 [*Phaeoramularia angolensis*（T.Carvalho et al. Mendes）P.M. Kirk]、柠檬干枯病菌 [*Phoma tracheiphila*（Petri）L.A. Kantsch. et Gikaschvili]、柑橘冬生疫霉褐腐病菌（*Phytophthora hibernalis* Carne）、柑橘枝瘤病菌（*Sphaeropsis tumefaciens* Hedges）、柑橘黄龙病菌（非洲型）[*Candidatus* Liberibacter spp. (African)]、柑橘顽固病螺原体 [*Spiroplasma citri* Saglio et al.)
	害虫	按实蝇属（*Anastrepha* Schiner）、果实蝇属（*Bactrocera* Macquart）、小条实蝇属（*Ceratitis* Macleay）、绕实蝇属（*Rhagoletis*）、寡鬃实蝇（非中国种）[*Dacus* spp. (non-Chinese)]、橘实锤腹实蝇（*Monacrostichus citricola* Bezzi）、香蕉肾盾蚧（*Aonidiella comperei* McKenzie）、南洋臀纹粉蚧（*Planococcus lilacius* Cockerell）、大洋臀纹粉蚧（*Planococcus minor* Maskell）、七角星蜡蚧（*Vinsonia stellifera* Westwood）、橘花巢蛾（*Prays citri* Milliere）

*摘自农业部2006年3月发布的《全国农业植物检疫性有害生物名单》和2007年5月发布的《中华人民共和国进境植物检疫性有害生物名录》。

二、柑橘无毒苗木的繁育和应用

不同于其他作物病害，柑橘病毒病和黄龙病、溃疡病等类似病害的发生与为害有其显著特点，第一，柑橘作为一种多年生植物，一旦感染，终身带毒，为害持久，难以根除；第二，柑橘属于嫁接繁殖，一旦母株带毒，即会通过嫁接、接穗、插条等传播扩散。目前我国已报道的柑橘病毒及类病毒有柑橘速衰病毒、温州蜜柑矮缩病毒、柑橘碎叶病毒、柑橘裂皮类病毒，检疫性病害有柑橘黄龙病、溃疡病等，严重影响柑橘安全生产。因此，培育柑橘无病毒苗木并应用是保障柑橘安全不可或缺的措施之一，新建果园特别是危险性检疫性病害疫区都应选择脱毒苗。

柑橘无病毒育苗的主要方法有热处理脱毒、茎尖培养脱毒、微芽嫁接及化学处理等。

热处理脱毒也称温热疗法，是利用病毒等病原与植物的耐热性不同，将植物材料在高于正常温度的环境条件下处理一段时间，使植物体内的病原失活、病毒钝化。使植物的新生部分不带病毒，取该无病毒组织培育即可获得无病毒植株。

茎尖培养脱毒也称为分生组织培养或生长点培养，原理是病毒在植物体内分布不均匀，一般顶端生长点的分生组织病毒浓度低，大部分细胞不带病毒，因此取顶端生长点培养可获得无病毒植株。但需要注意的是，在生长点部位，不含病毒的部分是极小的（0.1～0.5毫米），在常规育苗中无法繁殖利用，现在可通过自组织培养技术进行无病毒组织培养。

微芽嫁接脱毒是组织培养与嫁接相结合，获得无病毒苗木的一种技术方式，通常是在无菌条件下，切取待脱毒样品的微小茎尖嫁接到试管中培养的实生砧木苗上，愈合发育为无毒的完整植株。

化学脱毒是指使用能抑制植物病毒复制和扩散的化学物质处理植物材料，处理后，植株的新生部分可能不携带病毒，进而取无病毒部分繁殖获得无病植株。除上述常用脱毒技术外，柑橘珠心胚培养技术也可有效脱毒，珠心胚是由珠心细胞形成的无性胚，由珠心胚培育的植株保持母株的遗传特性，加之胚的屏障作用，珠心胚培育的植株一般不带病毒。

三、农业防治

农业防治是以农田生态系统为基础，根据农田环境、寄主植物与害虫间的相互关系，结合农事活动，利用栽培管理技术，有

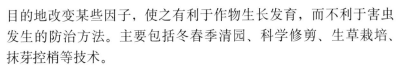

目的地改变某些因子，使之有利于作物生长发育，而不利于害虫发生的防治方法。主要包括冬春季清园、科学修剪、生草栽培、抹芽控梢等技术。

1. 栽培措施

合理灌溉，科学施肥，精耕细作，中耕除草等，提高植株抗病虫能力；同一品种连片种植，适时施肥、浇水，并通过强树多保果，以果抑梢；慎施稳果肥，强树不施，果少不施，避免因肥促梢；如必要可化学抹梢，实现控梢，使抽梢整齐，减少柑橘木虱、粉虱、潜叶蛾、蚜虫等害虫为害嫩梢；橘园周边可适当种植非芸香科植物防护林和生态隔离带，既可防风，减少柑橘果面机械性伤痕"风癫"，又可阻止或延缓柑橘木虱等病虫害扩散；铲除九里香、黄皮等柑橘木虱寄主，木防己、木通、通草等吸果夜蛾（幼虫）中间寄主等柑橘病虫害寄主或过渡寄主植物等。合理间作或套作，驱避害虫，如东南亚湄公河口地区橘园采用番石榴与柑橘间作有利于驱避柑橘木虱，防治柑橘黄龙病，但是由于番石榴是橘小实蝇最嗜好的寄主，因此该方法在橘小实蝇为害区要慎用，以免加重橘小实蝇的为害；增加橘园行距（40～60棵/亩），以增加橘园通风透光性、降低湿度，改善橘园小气候，使之不利于柑橘粉虱、蚜虫和介壳虫等的发育繁殖而抑制其发生为害。

2. 冬季清园

冬季害虫下树越冬前及时对树干束草或用废布片包扎主干，诱捕恶性叶甲、蜗牛等隐蔽越冬的害虫。冬春季及时剪除病虫枯枝、刮除树干老翘皮，清除园内的残枝、落叶、杂草等，挖除黄龙病病株；砍除带柑橘爆皮虫、天牛等的枯枝、虫枝，集中销毁，以消除螨类、粉虱、潜叶蛾、卷叶蛾、蚜虫、木虱、叶甲、

冬季树干束草用草绳

天牛和吉丁虫等虫源以及溃疡病、疮痂病、黑点病等的越冬病菌，降低来年病虫基数。冬季翻耕既有利于疏松土壤，又可以破坏柑橘害虫的越冬环境，消灭实蝇、叶甲、花蕾蛆、橘蕾实瘿蚊等土壤越冬害虫，使其或因机械损伤致死或暴露于地表冻死或被鸟类啄食。

3. 果园清洁

在柑橘生长发育期，结合橘园管理，清除螨类、粉虱、潜叶蛾、卷叶蛾、天牛、吉丁虫、蚜虫、木虱、溃疡病、疮痂病、黑点病等病虫枝叶，及时摘除虫果，捡拾烂果、落果，集中除害处理：深埋（＞50厘米）、水浸（＞8天）、塑料袋密封（熏蒸）等处理虫果；也可以倒入沤肥水池长期浸泡或用50%灭蝇胺可湿性粉剂7 500倍液浸泡2天，以降低实蝇、桃蛀螟、橘蕾实瘿蚊等蛀果害虫虫口数量；柑橘花蕾期，人工摘除受柑橘花蕾蛆为害的花蕾，园外深埋，减少柑橘花蕾蛆虫口数量。

4. 科学修剪

剪除螨类、潜叶蛾、天牛、吉丁虫、木虱、蚜虫、介壳虫类和粉虱类等病虫为害重的枝梢，以及过度郁闭的衰弱枝和干枯枝，及时带出果园，集中处理，既可以减少害虫种群数量，又增加树体通风、透光性，改善橘园生态环境和小气候。

5. 生草栽培

橘园生草栽培是在树体行间或全园种植草本植物覆盖土壤的一种生态果园培育模式。生草栽培有着重要的生理生态作用：①改善果园生态环境，提高土壤的水土保持能力，防止水土流失，减少水分蒸发。调节土壤温度，缩小地表温度变幅，可栽培百喜草等。②改善土壤理化性状，增加土壤有机质含量，显著提高土壤肥力。在30厘米厚的土层有机质含量为0.5%～0.7%的果园，连续五年种植鸭茅和白三叶草，土壤有机质含量可以提高到1.6%～2.0%。③提高果实品质和产量。橘园种植白三叶草，显著增加了单果质量、果形指数和可食率。④提高橘园生态系统内的生物多样性，为寄生蜂、捕食螨、草蛉等天敌提供补充食物，创造其适合的生存环境，增加天敌数量，提高益害比例，以控制病虫为害。⑤抑制杂草，减少除草剂的使用。

生草的选择原则：①对果树根系无不利影响，如不分泌毒素。应选择浅根系草种，如矮生或匍匐性的豆科植物。果树根系分布一般较深，以根系集中分布于地表10～15厘米以内的生草最为适宜。②不滋生柑橘病虫害，有利于保护病虫天敌。如柑橘园种花生、甘薯等会加重线虫病发生，而禾本科草则发病较少；藿香蓟，因其花粉是柑橘全爪螨的天敌捕食螨的食料，而有利于保护和促进捕食螨的繁殖，降低柑橘全爪螨的发生与为害。③对环境适应性强，容易栽培管理。选择具有良好耐阴性和对土壤酸碱度及土壤质地具有广泛适应性的草种。

适宜橘园种植的草种主要有豆科和禾本科两大类，可促进捕食螨的繁殖。如紫穗槐、光叶紫花苕子、紫云英、豌豆、蚕豆、印度豇豆、三叶草、白三叶草、白香草木樨、紫花苜蓿、毛叶苕子、圆叶决明等豆科生草，黑麦草、马唐、百喜草、高羊茅、伏生臂形草、信号草、狼尾草、刚果臂形草、糖蜜草、天竺草等禾本科生草。此外，菊科一年生草本藿香蓟、唇形科白苏和夏至草、十字花科肥田萝卜以及某些野生杂草也有利于捕食螨的生长繁殖。

生草种植有直播和育苗两种方式：①直播生草法是在果园行

西班牙橘园生草（高羊茅）栽培

间直播草种，分为秋播和春播。春播可于3月下旬至4月播种；秋播在8月中旬至9月中旬播种。播种前将果树行间深翻20～25厘米，整平，灌水，墒情适宜时播种。可采用沟播或撒播，沟播先开沟、播种后覆土；撒播先播种，然后在种子上面均匀撒一层干土。雨季生草栽培为好，以自然生草最简单，但需除去茅草等高秆、深根恶性杂草；树盘下保持少草或无草，以利施肥；适度刈割，高度控制在50厘米以下。②育苗移栽法，移栽采用穴栽方法，每穴3～5株，穴距15～40厘米，栽后及时灌水。在播种前进行除草处理，即在播种前先灌溉，诱杂草出土后施用除草剂，待除草剂失效后播种。若劳动力不够，也可采用自然生草，但必须除去高秆、深根的恶性杂草，如茅草等。

播草后还应进行施肥灌水。一般来说，除播种前应施足底肥外，在苗期，每公顷每次应施尿素60～75千克以提苗，年施尿素225～300千克。一般刈割后施肥灌水较好，或随果树一同进行肥水管理。施肥应结合灌水，也可趁下雨撒施或叶面喷施。此外，还需要对生草进行适当管护，铲除距树冠滴水线30厘米以内的所有草，避免其与柑橘争水、争肥。在草旺盛生长季节割草，控制草高度在30～50厘米，割下的草覆盖树盘，降温保水。果实成熟期，杀草覆盖，促进成熟和着色。

对于我国橘园捕食螨优势种江原钝绥螨而言，藿香蓟是一种比较好的覆盖作物，藿香蓟常以播种和扦插繁殖。播种：4月春播，播后2周发芽。因种子很小，为了播种均匀，用30～50倍左右的细沙或细土与种子混匀后播种，种子上面覆盖细土0.3厘米左右；扦插：5～6月剪取顶端嫩枝作插条，插后15天左右生根，成活率高。

6.抹芽控梢

夏秋梢期要及时抹芽控梢，摘除过早或过晚抽发的不整齐嫩梢，将零星抽发的不到2厘米长的夏秋梢全部抹除，5～7天1次，连抹数次；统一放秋梢，促使秋梢抽发整齐健壮，放梢应根据树龄、品种和嫩梢期害虫成虫发生低峰时间而定，一般立秋前后一周放早秋梢，放梢时喷药保护；避开蚜虫、木虱、粉虱和潜叶蛾等嫩梢期害虫成虫产卵高峰期，缩短新梢嫩叶期，也可以将放梢时间统一掌握在成虫的低峰期，即当新梢顶部5片叶，嫩梢期害虫的卵和初孵数量显著减少时，抹净最后一次芽再放梢，中断其产卵场所和食料来源，抑制其种群的增长。

控梢方法：①强树多保果，以果抑梢。②慎施稳果肥，强树不施、果少不施，避免因肥促梢，改一年多次施肥为集中施肥以及配方施肥，防止氮肥过多引起徒长。③人工抹梢。④化学抹梢，较人工抹梢工作量小，成本低，但需注意化学药剂的筛选和浓度，以保证对柑橘果实和老叶的安全。目前有报道采用0.05%和0.10%啶嘧磺隆以及0.010%和0.042%氟磺胺草醚对果实和成熟枝叶安全。

四、生物防治

生物防治是利用有益生物及其代谢产物防治病虫害的方法。我国柑橘病虫的生物防治历史悠久，公元304年我国就用黄猄蚁防治柑橘害虫。1888年美国从澳大利亚引进澳洲瓢虫防治柑橘吹绵蚧是最成功和经典的生物防治案例。生物防治包括以虫治虫（利用捕食性昆虫、寄生性昆虫等）、以菌治虫（利用病虫的病原微生物）、利用昆虫激素（如保幼激素和性外激素）防治害虫等。据统计我国柑橘害虫天敌多达100多种，其中以寄生蜂种类居多，其次是瓢虫类、蜘蛛类、捕食螨类、步甲类、捕食蝽类、食蚜蝇类、寄生蝇类、草蛉类以及寄生菌类，这些天敌为控制柑橘害虫、维护橘园生态平衡发挥着重要作用（表4-2）。天敌等生物防治资源利用方式多样：

（1）利用、保护本地天敌：如橘园生草栽培，改善橘园生态环境，为寄生蜂、捕食螨、草蛉等天敌提供补充食物，创造其适合的生存环境；束草诱集，引入室内蛰伏等，保护天敌昆虫安全过冬，挂人工巢箱，招引益鸟等；合理用药，注意用药种类、浓度、用药时间、用药方法，用选择性农药，忌用广谱性农药，以

（续）

表4-2　重要柑橘害虫的捕食性、寄生性天敌及病原菌

害虫种类		天敌资源	参考资料
柑橘红蜘蛛 （*Panonychus citri* McGregor）	捕食性天敌	尼氏钝绥螨（*Amblyseius nicholsi* Ehara et Lee）、胡瓜钝绥螨（*Amblyseius cucumeris* Oudemans）、东方钝绥螨（*Amblyseius orientalis* Ehara）、江原钝绥螨（*Amblyseius eharai* Amitai et Swirski）、巴氏钝绥螨（*Amblyseius barkeri* Hughes）、拟长刺钝绥螨（*Amblyseius pseulongispinosus* Shin et Lian）、纽氏钝绥螨[*Amblyseius newsami*（Evans）]、具瘤长须螨（*Agistemus exsertus* Gouzalez-Rodriguy）、腹管食螨瓢虫（*Stethorus siphonulus* Kapur）、深点食螨瓢虫（*Stethorus punctillum* Weise）、草间小黑蛛（*Erigonidium graminicolum* Sundevall）、斑管巢蛛（*Clubiona reichlini* Schenkel）、吉蚁蛛（*Myrmarachne gisti* Fox）、食螨隐翅虫（*Oligota* sp.）、中华草蛉（*Chrysoperla sinica* Tjeder）、塔六点蓟马（*Scolothrips takahashii* Priesner）	韦党扬 等，1997，2007；甘明等，2001；张艳璇 等，2002；肖晓湘黔 等，2005；高晓梅和潘 华金，2007；欧阳才辉 等，2007；凌鹏等，2008；张贝，2013；张宏宇，2013
	病原菌	芽枝状枝孢霉[*CladoSporium cladosporides*（Fres）de Vries]、*Neozygites floridana*	任伊森 等，2001；Clayton et al.，2009
柑橘锈螨 [*Phyllocoptes oleiverus*（Ashmead）]	捕食性天敌	亚热冲绥螨（*Okiseius subtropicus* Ehara）、德氏钝绥螨（*Amblyseius deleoni* Muma et Denmark）、尼氏钝绥螨（*Amblyseius nicholsi* Ehara et Lee）、胡瓜钝绥螨（*Amblyseius cucumeris* Oudemans）、冲绳钝绥螨（*Amblyseius okin-awanus* Ehara）、具瘤长须螨（*Agistemus exsertus* Gonzalez-Rodriguy）、腹管食螨瓢虫（*Stethorus siphonulus* Kapur）、深点食螨瓢虫（*Stethorus punctillum* Weise）、中华草蛉（*Chrysoperla sinica* Tjeder）、塔六点蓟马（*Scolothrips takahashii* Priesner）	张权炳和王雪生 等，2007；曹华国 等，1998
	病原菌	汤普逊多毛菌（*Hirsutella thompsonii* Fisher）	陈道茂等，1987
矢尖蚧 [*Unaspis yanonensis*）	捕食性天敌	湖北红点唇瓢虫（*Chilocorus hupehanus* Miyatake）、整胸寡节瓢虫（*Telsimia emarginata* Chapin）、二双斑唇瓢虫（*Chilocorus bijugus* Mulsant）、日本方头甲（*Cybocephalus nipponicus* Endrody-Yonnga）、草岭	夏宝池等，1986；张权炳，2004；李鸿筠等，2006；张宏宇，

（续）

害虫种类		天敌资源	参考资料
矢尖蚧 [Unaspis yanonensis (Kuwana)]	寄生蜂	褐圆蚧纯黄蚜小蜂 (Aphytis holoxanthus de Bach et Rosen)、矢尖蚧蚜小蜂 (Aphytis yanonensis de Bach et Rosen)、黄金蚜小蜂 (Aphytis chrysomphali)、双带巨角跳小蜂 (Comperiella bifasciata Howard)	王德琛等, 1994; 任伊森等, 2001
	病原菌	嗜蚧镰刀菌 (Fusarium coccophilum)	舒正义等, 1992
吹绵蚧 [Icerya purchasi (Maskell)]	捕食性天敌	大红瓢虫 (Rodolia rufopilosa Muls)、澳洲瓢虫 (Rodolia cardinalis)、小红瓢虫 (Rodolia Pumila Weise)、红环瓢虫 (Rodolia limbata Motschulsky)	陈方洁, 1962; 蒲蛰龙和黄邦侃, 1991
红蜡蚧 [Ceroplastes rubens (Maskell)]	捕食性天敌	红点唇瓢虫 (Chilocorus hupehanus Miyatakc)、黑缘红瓢虫、整胸寡节瓢虫 (Telsimia emarginata Chapin)、红点唇瓢虫 (Chilocorus rubidus Hope)	雷英华等, 2010
	寄生蜂	红蜡蚧扁角跳小蜂 (Anicetus beneficus Ishii et Yasumatsu)、环纹扁角跳小蜂、双带巨角跳小蜂 (Comperiella bifasciata Howard)、黑色软蚧蚜小蜂 (Coccophagus yoshidae Nakayama)、日本软蚧蚜小蜂 (Coccophagus japonicus)、糠片蚧恩蚜小蜂 (Encarsia inquirenda Silvestri)	王会美等, 2004; 徐志宏等, 2003; 雷英华等, 2010
柑橘粉虱 [Dialeurodes citri (Ashmead)]	捕食性天敌	江原钝绥螨 (Ambryseius eharai Amitai et Swirski)、具瘤神蕊螨、刀角瓢虫 (Serangium japonicum Chapin)、江原钝绥螨 (Agistemus exsertus)	王联德等, 2008; 伍兴甲, 2017; 赵文娟等, 2014; 季洁等, 2006
	寄生蜂	棒角蚜小蜂 (Fretmocerws sp.)、等桑蚜小蜂 (Mesidie sp.)、柑橘粉虱蚜小蜂 (Encarsia sp.)、浆角蚜小蜂 (Eretmoceru sp.)	杨子琦, 1985
	病原菌	粉虱座壳孢 (Aschersonia aleyrodis Ashmead)	王平坪等, 2014; Clayton et al., 2009

（续）

害虫种类	天敌资源		参考资料
黑刺粉虱 [*Aleurocanthus spiniferus* (Quaintance)]	捕食性天敌	江原钝绥螨 (*Amblyseius eharai* Amitai et Swirski)、具瘤神悉螨 (*Agistemus exsertus*)、刀角瓢虫 (*Serangium japonicum* Chapin)、黑背唇瓢虫 (*Chilocorus gressitti* Miyatake)、红点唇瓢虫 (*Chilocorus hupehanus* Miyatake)、黑缘红瓢虫 (*Chilocorus rubidus* Hope)、二星瓢虫 (*Adalia bipunctata* Linnaeus)、八斑瓢蛉 (*Ankylopteryx octopunctata* Fabricius)、圆果大赤螨 (*Anystis baccarum* Linnaeus)、大草蛉 (*Chrysopa pallens* Rambur)、中华草蛉 (*Chrysoperla sinica* Tjeder)、异色瓢虫 (*Harmonia axyridis* Pallas)、整胸寡节瓢虫 (*Telsimia emarginata* Chapin)、亚非玛草蛉 (*Mallada desjardinsi* Navs)、龟纹瓢虫 (*Propylaea japonica* Thunberg)、方斑瓢虫 (*Podontia quatuordecimpunctata* L.)、草间小黑蛛 (*Erigonidium graminicolum* Sundevall)、刀角瓢虫 (*Serangium japonicum* Chapin)	张权炳等, 2004; 郭蕾等, 2007; 李水顺, 2009; 任伊森, 2008
	寄生蜂	黑刺粉虱细蜂 (*Amitus hesperidum* Silvestri)、斯氏扑虱蚜小蜂 (*Prospaltella amithi* Silvestri)、黄金蚜小蜂 (*Aphytis chrysomphali* Mercet)、单带巨跳小蜂 (*Comperiella unifasciata* Ishii)、丽蚜小蜂 (*Encarsia formosa* Gahan)、日本恩蚜小蜂 (*Encarsia japonica* Viggiani)、浅黄恩蚜小蜂 (*Encarsia sophia* Girault & Dodd)、榛黄恩蚜小蜂 (*Encarsia nipponica* Silvestri)	朱长荣和陈常铭, 1994; 叶琪明和李振, 1996; 黄建等, 2000; 郭蕾等, 2006; 杨志信和王秀琴, 2008
	病原菌	粉虱座壳孢菌 (*Aschersonia aleyrodis* Webber)、粉虱拟青霉 (*Paecilomyces aleurocanthus* Petch)、玫烟色棒束孢 (*Isaria fumosoroseus* Wize)、蜡蚧轮枝菌 (*Verticillium lecanii* Zimmerman)、蚧侧链孢 (*Pleurodesmospora coccorum* Li & Huang)、顶头孢 (*Cephalosporium acremonium*)、枝孢霉 (*Cladosporium* sp.)、橘形斑毛孢 (*Hirsutella sinensis*)	韩宝瑜和崔林, 2004; 张权和崔林, 2004; 郭蕾等, 2006

（续）

害虫种类	天敌资源		参考资料
蚧虫类	捕食性天敌	巴氏钝绥螨 (*Amblyseius barkeri* Hughes)、胡瓜钝绥螨 (*Amblyseius cucumeris* Oudemans)、异色瓢虫 (*Harmonia axyridis* Pallas)、七星瓢虫 (*Coccinella septem punctata*)、黄斑盘瓢虫 (*Coelophora saucia* Mulsant)、稻红瓢虫 (*Alesia discolor* Fabricius)、隐斑瓢虫 (*Harmonia yedoensis* Takizawa)、龟纹瓢虫 (*Propylaea japonica* Thunberg)、*Menochilus sexmaculates* Fabricius、*Synharmonia octomaculata* Fabricius、东亚小花蝽 (*Orius sauteri* Poppius)、斑管巢蛛 (*Clubiona reichlini* Schenkel)、吉蚁蛛 (*Myrmarachne gisti* Fox)、机敏漏斗蛛 (*Agelena difficilis* Fox)、三突花蛛 (*Misumenops tricuspidatus*)、草间小黑蛛 (*Erigonidium graminicolum* Sundevall)、短刺刺腿食蚜蝇 (*Ischiodon scutellaris* Fabricius)	任伊森, 2008; 张权炳, 2004;
	病原菌	砖红镰孢 (*Fusarium lateritium* Nees)、蚜霉 (*E. aphidis* Hoffm)、蚜霉 (*Acrostalagmus aphidium* Oud.)、枝孢霉 (*Cladosporium* sp.)	封昌远, 1986; 宋漳, 2001; 李随院等, 1997
柑橘木虱 [*Diaphorina citri* (Kuwayama)]	捕食性天敌	具瘤长须螨 (*Agistemus exsertus* Gonzalez-Rodriguy)、异色瓢虫 (*Harmonia axyridis* Pallas)、双带盘瓢虫 (*Coelophora biplagiata* Swartz)、锚纹瓢虫 (*Lemnia biplagiata* Swartz)、二星瓢虫 (*Adalia bipunctata* L.)、澳洲瓢虫 (*Rodolia cardinalis* Mulsant)、六条瓢虫 (*Cheilomenes sexmaculata* Fabricius)、四斑瓢虫 (*Chilomenes quadriplagiata* Swartz)、华鹿瓢虫 (*Sospita chinensis* Mulsant)、中华草蛉 (*Chrysoperla sinica* Tjeder)、七星瓢虫 (*Coccinella septempunctata* L.)、红纹瓢虫 (*Lemnia circumsta* Mulsant)、十斑大瓢虫 (*Anisolemnia dilatata* Fabricius)、龟纹瓢虫 (*Propylaea japonica* Thunberg)、大草蛉 (*Chrysopa septempunctata* Wesmael)、长角六点蓟马 (*Scolothrips longicornis* Priesner)	虞轶俊等, 2001; 宁红, 2008; 任伊森, 2009; 章玉苹和秦秦, 2009; 张权炳等, 2004

（续）

害虫种类		天敌资源	参考资料
柑橘木虱 [Diaphorina citri (Kuwayama)]	寄生蜂	亮腹釉小蜂 (Tamarixia radiata)、木虱啮小蜂 (Tetrastichus sp.)、阿里食虱跳小蜂 (Diaphorencyrtus aligarhensis Shafee)、木虱跳小蜂属 (Psyllaephagus diaphorinae Lin & Tao)	代小彦, 2014; 毛润乾等, 2010
	病原菌	球孢白僵菌 (Beauveria bassiana Balsamo)、橘形被毛孢 (Hirsutella ciriformis)、玫烟色棒束孢 (Isaria fumosorosea)、汤普逊多毛菌 (Hirsutella thompsonii Fisher)、蚜笋顶孢霉 (Acrostalagmus aphidium Oud.)、蜡蚧菌 (Lecanicillium lecanii)	刘亚茹, 2016; 张亚茹, 2016; 张振宇等, 2016; Clayton et al., 2009
	捕食性天敌	亚非草蛉 (Chrysopa boninensis Okamoto)、亚洲草蛉 (Chrysopa bonine-nis)、中华草蛉 (Chrysoperla sinica Tjeder)、小花蝽 (Orius minutus)	张宏宇, 2013; 郑军锐和任顺祥, 2009; 王开洪和袁平, 1988
柑橘潜叶蛾 [Phyllocnistis cirrella (Stainton)]	寄生蜂	白星姬小蜂 (Citrostichus phyllocnistoides Naray)、芙新姬小蜂 (Neochrysocharis formosa)；Pnigalio pectinicornis、Ageniaspis citricola Logvinoskaya	王开洪和袁平, 1988
	病原菌	苏云金芽孢杆菌 (Bacillus thuringiensis Berliner)	郑霞林和杨永鹏, 2009; 张宝棣, 2001
卷叶蛾类	寄生蜂	松毛虫赤眼蜂 (Trichogramma dendrolmi Matsumura)、黄长距茧蜂 (Macrocentrus abdominalis Fabricius)、黄茧蜂 (Bracon sp.)、广大腿小蜂 (Brachymeria lasus Walker)、裙稻厚唇姬蜂 (Phaeogenes sp.)	周忠实, 2004; 白先进等, 1994
	病原菌	苏云金芽孢杆菌 (Bacillus thuringiensis Berliner)	张宝棣, 2001
柑橘凤蝶 (Papilio xuthus)	寄生蜂	松毛虫赤眼蜂 (Trichogram-ma dendrolimi Matsumura)、广赤眼蜂 (Trichogramma evanescens)、拟澳洲赤眼蜂 (Trichogramma confursum Viggiani)、蝶蛹金小蜂 (Pteromalus puparum)	赵琦, 1996
	病原菌	苏云金芽孢杆菌 (Bacillus thuringiensis Berliner)	张宝棣, 2001

（续）

害虫种类	天敌种类	天敌资源	参考资料
光肩星天牛 （*Anoplophora glabripennis*）	捕食性天敌	花绒寄甲（*Dastarcus helophoroides* Fairmaire）	魏建荣和牛艳玲，2011
	病原菌	球孢白僵菌（*B. bassiana* Balsamo）	徐金柱等，2003
橘小实蝇 [*Bactrocera dorsalis* (Hendel)]	寄生蜂	长尾潜蝇茧蜂（*Diachasmimorpha longicaudata* Ashmead）、切割潜蝇茧蜂（*Psyttlia incise* Silvestri）、阿里山潜蝇茧蜂（*Fopius arisanus* Sonan）、长柄俑小蜂（*Spalangia longepetiolata* Boucek）、*Dirhinus giffardii* Silvestri、柔匙胸瘿蜂属（*Aganaspis* sp.）、印度实蝇姬小蜂（*Aceratoneuromyia indica* Silvestri）、凡氏费氏茧蜂（*Fopius vandenboschi* Fullaway）	林玲等，2006；郭庆亮等，2006；郑敏琳等，2006；梁光红等，2007；吕增印等，2007；邵屯等，2009；姚婕敏等，2008；章玉苹等，2008
	病原菌	球孢白僵菌（*B. bassiana* Balsamo）	潘志萍等，2006，2008；袁盛勇等，2010；朱春刚，2010

注：红色代表已在柑橘生产上应用。

免杀伤天敌昆虫；人工助迁，如异色瓢虫在山间集中越冬，收集并放到需要的田间。

（2）天敌规模化扩繁、病原微生物等商业化生产：20世纪60年代以来，我国先后大量繁殖七星瓢虫、赤眼蜂、平腹小蜂、金小蜂等，特别是70年代后，开始研究机械化生产赤眼蜂，如俄罗斯等国已实现机械化生产赤眼蜂。苏云金杆菌已大规模商业化生产，其制剂占生物农药的90%以上。

（3）引进、移植外地天敌：我国始于20世纪50年代，先后引入澳洲瓢虫、孟氏隐唇瓢虫、日光蜂、丽蚜小蜂、黄色花蝽等分别防治吹绵蚧、粉蚧、苹果绵蚜、白粉虱和仓储甲虫。

1. 寄生蜂

在我国，已有记载的柑橘害虫寄生蜂有41种，隶属于5门23属。主要有赤眼蜂科、缘腹卵蜂科（黑卵蜂）、平腹蜂科、缨小蜂科，其中缨小蜂是害虫卵期的重要寄生性天敌，能寄生10多个目60多科1 000多种害虫的卵，最常见的寄主是同翅目昆虫卵，其次是鞘翅目、半翅目昆虫卵，以及双翅目实蝇类的卵和幼虫。目前已在柑橘生产上应用的有：防治柑橘木虱的亮腹釉小蜂、柑橘木虱啮小蜂；防治矢尖蚧的矢尖蚧蚜小蜂、矢尖蚧金黄蚜小蜂、褐圆蚧纯黄蚜小蜂；防治紫牡蛎蚧的紫牡蛎蚧金黄蚜小蜂；防治红圆蚧的蚜小蜂；防治黑刺粉虱的粉虱细蜂、斯氏扑虱蚜小蜂；防治卷叶蛾类的松毛虫赤眼蜂、防治红蜡蚧的扁角跳小蜂等。

布氏潜蝇茧蜂寄生实蝇二龄幼虫
（陈家骅摄）

亮腹釉小蜂 [*Tamarixia radiata*（Hymenoptera：Eulophidae）] 是柑橘木虱的专性寄生蜂，美国佛罗里达已规模化扩繁释放用于防治柑橘木虱。它不仅能寄生柑橘木虱各龄若虫，雌成虫还可以取食低龄的柑橘木虱若虫。据统计，1头亮腹釉小蜂雌虫通过取食和寄生，一生可以杀死500多头柑橘木虱若虫。通过吸取柑橘木虱若虫的血淋巴，亮腹釉小蜂可以获得营养保证其后代卵的发育。亮腹釉小蜂也能取食柑橘木虱分泌的白色分泌物，进而减少柑橘类植物上煤污病的发生。

矢尖蚧蚜小蜂（*Physcus flaviceps* G.T.D）是矢尖蚧的优势寄生蜂。此蜂营体外寄生，寄主

亮腹釉小蜂成虫（上：雌，下：雄）

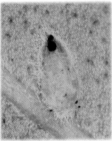

柑橘木虱若虫与亮腹釉小蜂［未寄生的柑橘木虱若虫（左）、被寄生的柑橘木虱若虫（中）、亮腹釉小蜂羽化出孔（右）］

较为专一，且寄生虫态具选择性，主要寄生于矢尖蚧未产卵雌成虫的前中期，少数寄生于雌二龄幼蚧后期。矢尖蚧蚜小蜂的寄生率高峰出现在7月，寄生率达70%；其次为9～10月。越冬期间的寄生率为17%～25.6%，5～6月则为全年寄生率最低阶段，寄生率仅为0.3%～7.6%，年平均寄生率15.3%。

粉虱细蜂（*Amitus hesperidum* Silvestri）对黑刺粉虱的自然寄生率为23.8%～100%、平均为84.2%，有很高的利用价值。粉虱

细蜂将卵产于粉虱一至二龄若虫体内，1头寄主体内产卵1～2粒，多时3～4粒，孵化后便在粉虱体内营寄生生活，将其体液消耗殆尽。粉虱细蜂雌蜂每头能繁殖子蜂71～136.7头，能有效地消灭黑刺粉虱蛹11～204头，平均为62.5～81.7头。粉虱细蜂目前多采用人工助迁和田间保护。即将有被寄生黑刺粉虱的叶片摘下装于开口的纸袋内，再挂于黑刺粉虱较多的柑橘树上让寄生蜂羽化后产卵于黑刺粉虱幼虫体内。

松毛虫赤眼蜂（*Trichogramma dendrolimi* Matsumura）在我国分布很广，可寄生210余种昆虫的卵，如松毛虫（枯叶蛾科）、夜蛾科、卷叶蛾科、麦蛾科、灯蛾科、刺蛾科和尺蛾科。它对柑橘卷叶蛾防治效果很好。寄主卵越新鲜出蜂率越高。它对刚产出的松毛虫卵寄生率可达93%，平均每卵可出寄生蜂139头。田间以6～10月为多。松毛虫赤眼蜂目前可在室内用柞蚕卵、米蛾卵、蓖麻蚕卵制成卵卡来繁殖，在害虫卵期释放。在柑橘园主要用于防治卷叶蛾，一般每亩释放25 000头，连放3～4次，控制效果很好。

2.捕食性天敌

捕食性天敌是用来控制柑橘害虫最大的天敌类群。在我国所记载的53种捕食性天敌中，瓢虫科为最主要类群，共占30种。利用大红瓢虫防治吹绵蚧，是我国在生物防治方面的成功案例；而捕食螨在捕食性天敌中应用最广。目前已在柑橘生产上应用的捕食性天敌有：防治红蜘蛛的尼氏钝绥螨、纽氏钝绥螨、胡瓜钝绥螨、巴氏钝绥螨、江原钝绥螨、长刺钝绥螨；防治柑橘粉蚧、球粉蚧的孟氏瓢虫；防治吹绵蚧的澳洲瓢虫、大红瓢虫、小红瓢虫；防治非洲大蜗牛的玫瑰蜗牛、加纳蜗牛等。

捕食螨商品

　　胡瓜钝绥螨（*Amblyseius cucumeris* Oudemans）是国际上各天敌公司的主要产品，作为商品销售已经有10余年历史。1997年，胡瓜钝绥螨首次被引入中国，用于防治柑橘全爪螨和锈壁虱。胡瓜钝绥螨能捕食各虫态柑橘全爪螨，但喜欢取食其卵与幼螨。一头捕食螨一生能捕食红蜘蛛300～350头，或锈壁虱1 500～3 000头，或粉虱、蓟马80～120头。橘园释放捕食螨后能达到很好的控制效果，控制期达6个月，每年都要释放1～2次，可显著改善柑橘园益害螨的比例，改善柑橘园生物群落。目前，该螨自然抗性种群已被发现，人工大量饲养释放技术也已成熟，应用前景广阔。此外，作为我国橘园捕食螨优势种，江原钝绥螨的释放不但可以防治柑橘全爪螨，还可以降低柑橘粉虱和黄胸蓟马的种群数量，但三者同时存在时，江原钝绥螨捕食的主要对象是柑橘全爪螨（表4-3），由于属于本地种，相对引进种胡瓜钝绥螨而言，更适合我国橘园环境，因此应该加大江原钝绥螨的规模化扩繁与推广应用。

表4-3　江原钝绥螨雌成螨对不同猎物的选择捕食作用（赵文娟，2014）

猎物	数量（头）	占猎物比例（%）	被捕食数（头）	占被捕食比例（%）	选择系数Q
柑橘全爪螨	20	25	11.5	82.14	3.29
柑橘粉虱	20	25	0.3	2.14	0.09
柑橘蓟马	20	25	2.2	15.71	0.63

江原钝绥螨捕食猎物［捕食柑橘红蜘蛛（左）、捕食柑橘粉虱（中）、捕食柑橘蓟马（右）］

捕食螨易人工驯化与繁殖，一旦在田间、果园、温室定殖能迅速建立种群并自然扩散。一般选择树龄在4年以上且生长良好，适度留草或间作豆科作物的柑橘园释放捕食螨，效果比较好。果园释放捕食螨可参照如下方法：

（1）清园：在释放捕食螨前10～15天对橘园当前或近期内可能发生的病虫害，用低毒、低残留、持效期短的化学或生物农药进行全面防治。应选择对捕食螨毒性小的农药品种。一般而言，对捕食螨杀伤力从小到大依次为：植物性杀虫剂，杀菌剂，杀螨剂，有机磷类农药，菊酯类农药。

（2）调查害螨基数：释放前调查害螨的虫口基数，当柑橘红蜘蛛（包括卵）每叶少于2头时释放（每百叶平均值）。若基数过高，如平均每叶超过2头以上，0.3%印楝素乳油1 000倍液和机油乳剂等植物性和矿物性农药喷布1次，以压低虫口密度。喷药后10天左右，害螨达到上述基数时再释放。

固定捕食螨包装袋

（3）释放时间：每年的4～9月（温度20℃以上）均可释放，但一般在5～6月进行为宜。晴天要在下午4时后释放，阴天可全天进行，雨天不宜进行。释放后1周内不宜有雨。

（4）释放方法：释放时先将纸袋的背面1/3处轻剪开3～4厘米长的小口，以捕食螨不撒出为宜，然后用塑料膜将纸袋上方盖住，避免下雨时雨水淋入，用图钉将纸袋连同塑料膜固定在不被阳光直射的枝杈处，并使纸袋的一面与枝干充分接触，有利于捕食螨从袋里爬出沿枝干到叶面上捕食，每株树挂1袋（500头/袋以上）。

（5）释放后的橘园管理：捕食螨释放后40天内是捕食螨与害

螨的对抗期，若发现少量红蜘蛛不必担心，更不能急于喷药。释放后，如需防治其他病虫，可选择对捕食螨杀伤力小的低毒低浓度生物农药，或配合使用黄板、诱虫灯、性诱剂等方法，效果更好。释放捕食螨的橘园，如遇伏旱或秋旱应及时灌水，以增加园内湿度，减少捕食螨死亡和增强树势，减少病虫害。

花绒寄甲（*Dastarcus helophoroides* Fairmaire）是大型天牛类林木蛀干害虫最为有效的天敌昆虫。释放花绒寄甲成虫防治光肩星天牛幼虫寄生率可达60%～70%，但是多年来有效利用这一天敌的限制因素是人工批量繁殖成虫的成本较高。在野外释放花绒寄甲时，一方面应考虑为害橘树不同种类天牛生活史和生态位的差异，而且部分种类世代需跨年甚至多年才能完成，在防治时应尽量选择龄期较为一致的区域和时间段，或通过分阶段多次释放来提升防效。另一方面，应综合花绒寄甲的适生季节和寄生特性，避开冬季低温和夏季高温，选择日均气温在20～30℃的春季和秋季，在天牛的老熟幼虫期和蛹期释放天敌。

澳洲瓢虫（*Rodolia cardinalis* Mulsant）是专食性昆虫，只捕食吹绵蚧，是其特效天敌，是目前生物防治最成功的典范。澳洲瓢虫卵多产于吹绵蚧腹面和背面，初孵幼虫常聚集取食卵粒，稍大后则分散取食害虫各虫态。目前多在室内进行越冬保种饲养，其繁殖适温在25℃左右。由于它繁殖快，在有吹绵蚧时，只要引移少量放于吹绵蚧多的园内，便会很快将其消灭。远距离引种一般用木箱或纸盒装运，但容器内必须要有足够的饲料，封好，以防止它因缺食自相残杀或逃逸，放虫时最好集中放于害虫多的树上以利繁殖。

红点唇瓢虫（*Chilocrus hupehanus* Miyatakc）主要捕食矢尖蚧、糠片蚧、桑盾蚧等多种蚧类，其成虫和幼虫均捕食蚧类害虫，一头成虫或幼虫一天可捕食矢尖蚧一、二龄若虫7～120头。其卵产在矢尖蚧雌成虫介壳的孔口处最多。可在室内用马铃薯繁殖桑盾蚧后，再用以繁殖红点唇瓢虫，以在20～25℃温度和每日12h以上光照条件下，桑盾蚧和红点唇瓢虫繁殖快，繁殖量最大。田间释放时按瓢虫：矢尖蚧为1：（100～200）的益害比释放经济效益好。两种天敌释放后，在害虫未消灭之前果园最好不施用有机磷和拟除虫菊酯类广谱杀虫剂，以免伤害天敌，降低防治效果。

3. 病原微生物

病原微生物是指用来控制柑橘害虫的病毒、细菌、真菌等。据报道，世界上记载的虫生真菌有100多属800多种，寄主范围十分广泛。目前我国已记录了15种（类）柑橘害虫的主要病原微生物（表4-2）。目前

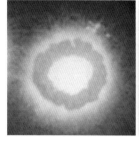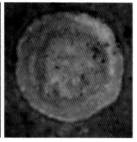

粉虱座壳孢形态

已在我国柑橘生产上应用的有：粉虱座壳孢、汤普逊多毛菌等。

粉虱座壳孢（*Aschersonia aleyrodis* Ashmead）可寄生柑橘粉虱、绵粉虱、烟粉虱、双刺姬粉虱、桑粉虱和温室白粉虱等，尤喜柑橘粉虱。对其寄生率高，控制效果最好。其易侵染一至三龄粉虱幼虫，以二龄幼虫的侵染率最高，达到98%，很少侵染四龄幼虫，对其卵和成虫不侵染。粉虱座壳孢侵染率随处理时间延长、接种浓度增加而增大，被侵染的粉虱幼虫通常在处理后的下一个龄期死亡。该菌喜高温高湿环境，干旱时给树冠喷水有利其侵染寄生。如湿度足够高，菌丝可穿出体表产孢再侵染新害虫。福建省用挂枝法引进粉虱座壳孢，十多年来推广应用面积达6.67万公顷（次），四川省应用推广面积达13.34万公顷（次），有效地控制了柑橘粉虱发生。

被粉虱座壳孢侵染的柑橘粉虱三龄若虫

虫生真菌与肉食性昆虫（天敌昆虫）联合用于控制昆虫数量的报道很多。在我国，应用粉虱座壳孢与蚜小蜂可有效控制烟粉虱种群。田间可将粉虱座壳孢较多的柑橘叶片摘下，转移悬挂于柑橘粉虱严重为害的橘园中，让其自然传播，或将带有孢子的叶片捣碎，按1000个菌落加水500~1000毫升喷雾，效果均较好，但悬挂叶片或喷雾最好在高温高湿条件下进行。张宏宇等人研制了粉虱座壳孢的微胶囊悬浮剂。该制剂能稳定储存。

汤普逊多毛菌（*Hirsutella thompsonii* Fisher）主要用于柑橘锈壁虱的防治，在美国、苏里南、以色列和我国都作为真菌杀螨剂试用于防治柑橘锈壁虱以及其他螨类害虫。目前有研究发现汤普逊多毛菌可与其他病原微生物混用防治柑橘害虫。被寄生的螨体体色发黄发锈，行动迟缓，最后死亡。汤普森多毛菌防治柑橘锈壁虱的有效时间在2个月以上，有研究表明施

被玫烟色棒束孢侵染致死的柑橘木虱

用汤普森多毛菌的橘园不但在当年有效，次年还有后效。另外还要注意化学农药的影响，目前常用的橘园杀菌剂如波尔多液、多菌灵、硫菌灵、石硫合剂、敌敌畏、三环锡等对多毛菌都表现出强烈的抑制作用；杀蚜素则没有或仅有很小的抑制作用；杀灭菊酯对多毛菌没有抑制作用。所以在多毛菌流行季节，尽量避免使用杀菌剂，特别不宜使用波尔多液等对多毛菌杀伤力强的铜素杀菌剂。汤普逊多毛菌在真菌培养基上培养，每隔6周移植1次，储藏5年之后仍然具有活力。另外，菌株储藏在 −20℃条件下能持续保持毒力。

玫烟色棒束孢（*Isaria fumosorosea*）和桔形被毛孢（*Hirsutella citriformis*）是柑橘木虱的有效病原真菌。在国外对玫烟色棒束孢的研究比较多，在荷兰已经开发出专门防治粉虱类柑橘害虫的玫烟色棒束孢制剂。国内外研究表明，玫烟色棒束孢对柑橘木虱成

虫和若虫均有明显的致病力。有研究发现桔形被毛孢可侵染柑橘木虱成虫、若虫，侵染率可达80%以上，被侵染致死的柑橘木虱成虫呈干尸状，表面覆盖着厚厚的菌丝。张宏宇等研究了桔形被毛

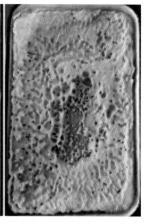

桔形被毛孢（左）和玫烟色棒束孢（右）浅盘固体发酵

孢、玫烟色棒束孢的发酵条件和制剂。这两种病原真菌对柑橘木虱及黄龙病综合治理，特别是绿色防控具有重要意义和应用前景。

4. 性信息素

昆虫性信息素是指由昆虫某一性别个体（一般是雌虫）的特殊分泌腺体分泌并引起同种异性个体产生一定的生理效应或行为反应的微量化学物质。性信息素具有高度专一性，不同昆虫之间的性信息素不能相互替代。我国已研制出60多种昆虫性信息素，并可以大规模生产，在害虫预测预报及防治上发挥了极大的作用，特别是果树上防治桃小食心虫、梨小食心虫、苹小卷叶蛾、桃蛀螟、天牛等。性信息素已广泛应用于柑橘害虫的防治，橘园中已确定的昆虫性信息素有橘小实蝇、地中海实蝇、红圆蚧、黑刺粉虱、柑橘粉虱、柑橘粉蚧、潜叶蛾等。华中农业大学张宏宇教授团队在国际上首次

柑橘大实蝇性信息素诱捕器

发现了柑橘大实蝇的性信息素，并在田间应用，效果显著。

昆虫性信息素用于害虫防治的方法主要有诱杀法和交配干扰法（迷向法）。

诱杀法是在田间大量设置性信息素诱捕器诱杀雄虫，导致雌雄比例严重失调。减少雌雄的交配行为，降低子代种群密度。大量诱捕法在低虫口密度下有效，而虫口密度过高则难以达到预期效果。在这种情况下，可首先利用性信息素进行预测，施用农药压低虫口密度，再使用大量诱捕法防治，能收到很好的防治效果。

柑橘害虫大量发生前（尤其是越冬代和第一代）在橘园布置诱杀。可制备诱捕器（诱捕器中通常装有农药或者涂布昆虫胶），在其上方固定性诱剂诱芯，一般每亩挂3～5个诱芯即可达到防控目的。每隔5米放置一个诱捕器，定时检查诱捕虫数，及时更换黏板或清空诱捕器。利用

地中海实蝇诱杀瓶

性信息素防治橘小实蝇在国内外较为普遍，配合使用自制矿泉水瓶诱捕器和国外的Steiner诱捕器对橘小实蝇的诱杀效果较好。

干扰交配法，俗称"迷向法"，其基本原理是在弥漫性信息素的环境中，雄虫丧失对雌虫的定向行为能力，或是由于雄虫的触角长时间接触高浓度性信息素而处于麻痹状态，失去对雌虫召唤的反应能力，使得雌虫交配概率降低，导致下一代种群密度降低。该法对非迁飞性而寄主范围较窄的昆虫有效。

由于性信息素易挥发，一旦打开包装应尽快使用，保存时应远离高温环境，诱芯应避免暴晒。

红圆蚧迷向片

五、物理防治

物理防治是根据害虫的某些习性，利用物理因素、人工或机械防虫的方法。物理防治技术以灯光、色板的应用最为广泛。

1. 灯光诱杀

灯光诱杀是利用害虫的趋光、趋波性诱杀害虫，不仅成本低，还有利于保护环境以及维持生态平衡。其原理是利用光近距离、波远距离引诱害虫成虫扑灯，灯外配频振高压电网，使成虫遭电击后落入灯下的专用接虫袋内，以达到杀灭害虫、控制为害的目的。诱虫光源主要有火光与电转换光2类，应用中除沼气灯是火光外，其他基本是电转换光。电转换光主要有3类：①白炽灯：只包括部分可见光段，诱虫种类少，热能散失快，光效率低，能耗高；②汞灯：利用汞蒸气在放电过程中辐射紫外线，使荧光粉发出可见光，根据汞蒸气压力大小又可分为低压、高压、超高压3类，其中低压汞灯是一类杀虫效果较好且节能的光源，包括紫外灯（黑光灯，330～400纳米长波紫外光，可诱杀多种害虫，是杀虫理想光源）、双波灯（三色灯）、频振灯、紧凑型单端荧光灯(节能灯)和节能宽谱诱虫灯（波长320～680纳米，诱虫种类多，效果好，使用方便）；③LED灯：节能，但多是单色光，光谱狭窄。杀虫灯可诱杀鞘翅目、鳞翅目等10种以上

橘园使用杀虫灯

的柑橘害虫，其中，对金龟甲的诱杀力最强，其次是刺蛾和吸果夜蛾。这3种害虫的数量占总诱虫量的86%，杀虫效果明显。近年来出现一种新颖的理化一体化多功能杀虫灯。其采用物理、化学等多种手段，融合趋光性、趋色性和趋化性对害虫进行综合诱杀，

从而显著提高诱杀害虫的范围和效率，特别增加了对实蝇等日出性害虫的诱杀作用，节约人力物力。灯光诱杀的使用时间大概为3月初到11月，即靶标害虫成虫发生期。灯光诱杀以单灯控制范围3.3公顷左右、装灯高度距地100～120厘米、间距控制在20～30米诱捕效果最好，切忌安装过多、过密，实际应用中应视具体情况而定。开灯期间，每天务必根据靶标害虫活动时间把握开灯时段，无靶标害虫为害的橘园不必安装，否则反而大量杀伤自然天敌，破坏生态平衡。

2. 色板诱杀

色板诱杀是利用害虫趋向某种特定颜色的特性，对其进行诱杀的技术之一。色板诱杀技术及操作简便，无农药污染，成本低，可用于降低田间相关靶标害虫种群密度，同时也可作为监测、调查害虫种群数量、种群季节消长和迁移规律的有效手段，目前已被世界各地广泛应用。色板对多种柑橘害虫也具有引诱作用，但不同害虫

趋向的颜色不同，应用时必须根据害虫的趋色特性选用不同颜色的色板，蚜虫、粉虱、木虱、实蝇、蜡蝉等对黄色有趋性，而蓟马则趋向深蓝色、蓝色。每亩橘园可悬挂20～30张色板，挂板高度控制在1.2米，色板间距控制在4～5米诱捕效果最好。应注意在害虫易被诱捕的

橘园悬挂色板诱杀害虫

诱卵装置在田间引诱柑橘灰象甲产的卵

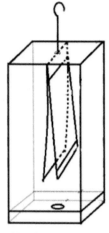

柑橘灰象甲诱卵器

成虫发生期放置色板，尽量避开其天敌。无靶标害虫为害的橘园不必挂色板，否则既增加成本，又杀伤自然天敌，破坏生态平衡。

除了色板引诱，张宏宇等还利用柑橘灰象甲成虫产卵的特殊趋性，发明了一种专门针对灰象甲的诱卵装置，由顶部设有遮挡板的铁笼、黄色蜡纸、饵料盘和幼虫收集盘组成，能为柑橘灰象甲提供更加安全、舒适的产卵环境，遮挡板用于遮挡阳光和风雨，两张黄色蜡纸可为柑橘灰象甲提供产卵的缝隙。饵料盘中加入饵料后，能够吸引更多的成虫，可进一步提高诱卵效果，同时，黄色蜡纸上的虫卵孵化成幼虫以后，落入幼虫收集盘，能被吸引到饵料盘中，便于收集。该发明装置具有结构简单、使用方便等特点，可在柑橘象鼻虫产卵期大量诱集其卵和幼虫，克服现有柑橘象鼻虫防治措施中杀虫剂毒副作用强、人工捕杀效率低的缺点，从而从源头上控制柑橘象鼻虫的为害。

3.钩杀蛀干害虫

钩杀使用小钩或铁丝，主要防治天牛等蛀干害虫。我国已有记载为害柑橘的天牛有20余种，主要以幼虫钻蛀枝干和成虫咬食

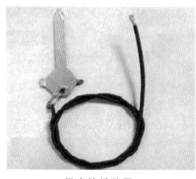

天牛钩杀装置

钩杀天牛幼虫

树皮为害，导致树枝枯黄，形成枯梢甚至整株死亡。6～8月注意检查树干，若发现有泡沫状物（内有虫卵和幼虫），用小刀刮除，刮后涂药，防止幼虫蛀入木质部为害。李娜等研制了匙状开孔器，先用开孔器清理天牛粪便及木屑，通过旋转开口器扩大排粪口口径，以便钩杀丝的进入。将钩杀丝头端插入蛀道，顺时针方向旋转钩杀。

4. 果实套袋

果实套袋是预防实蝇、吸果夜蛾、食心虫、橘实雷瘿蚊等蛀果害虫在橘果上产卵、取食等为害的重要措施之一。果实套袋技术可以减轻虫害的发生为害，减少农药防治次数，提高果品质量和销售价格。柑橘树疏花、疏果后，6月下旬至7月上旬进行果实套袋，套袋前应喷施1次杀虫剂和杀菌剂，彻底清除病虫害，然后及时套袋（果袋口必须向下，若袋口向上，将造成严重落果，降低产量），套袋时间以晴天9∶00～

橘园果实套袋

11∶00和15∶00～18∶00为宜，为保证果面光洁，果袋最好选择柑橘专用果袋。

5. 树干刷白

每年在初夏和初冬对橘树树干进行涂白，防止天牛等蛀干害虫产卵为害，还能减轻夏季高温和冬季低温对树干的伤害。方法是先将主干上的青苔、翘皮刷去或刮除，再将涂白剂均匀刷于主干上。一般是用生石灰加水熟化后掺上其他辅助物料（如硫黄、食盐、动物油、石硫合剂原液等）搅拌均匀，配制比例可依据不同用途、不同用药时间予以调整。可参照如下配方配制：石灰硫黄涂白剂（生石灰5千克+硫黄0.5千克+水20千克+盐0.1千克+油0.1千克）、硫酸铜石灰涂白剂（硫酸铜25克+生石灰0.5千克+水1.5～2千克）、石硫合剂生石灰涂白剂（石硫合剂原液0.25千克+

食盐0.25千克+生石灰1.5千克+油脂适量+水5千克)。

六、饵剂诱杀

1.糖醋液饵剂

糖醋液是比较传统的害虫食物饵剂,可加敌百虫等农药配制成毒饵,用于诱杀实蝇、卷叶蛾、吸果夜蛾等害虫。利用这

自制诱杀瓶

些害虫成虫产卵前有取食补充营养(趋糖性)的生活习性,在实蝇、吸果夜蛾、卷叶蛾成虫羽化产卵盛期,用矿泉水瓶自制诱杀瓶或专用诱捕器,配制糖醋液诱杀其成虫,实蝇糖醋液毒饵配方:90%敌百虫1000倍液+3%红糖或者30%敌敌畏乳油1500倍液+3%红糖或甜橙汁65克、酒65克、醋65克、糖130克、90%敌百虫可溶性粉剂5克,加水670克混合均匀后配成1000克诱杀液;吸果夜蛾、卷叶蛾糖

不同类型的实蝇诱杀瓶

醋液毒饵配方：糖8%、醋1%、敌百虫0.2%配成糖醋液。诱杀瓶挂在橘园行间，每1.5亩10个瓶，每瓶100～200克毒饵，高1～1.5米。每3天检查1次诱杀效果，及时清除虫尸，对被虫尸污染严重的诱杀瓶，视情况及时更换毒饵，这是保证诱杀效果的关键。

2. 水解蛋白引诱剂

从1952年Steiner报道用水解蛋白防治橘小实蝇以来，各个国家均用水解蛋白防治实蝇类害虫。在成虫羽化产卵盛期，配制水解蛋白引诱剂：水解蛋白和马拉硫磷以4∶1的比例配制加水或者用酵素蛋白0.5千克+25%马拉硫磷可湿性粉剂1千克，加水30～40千克。李杖黎等通过筛选获得一种能产生芳香性风味物质的酵母菌株JM2，其水解蛋白发酵液对柑橘大、小实蝇均有很好的引诱效果。目前市场上也有蛋白饵剂商业产品销售。水解蛋白诱杀瓶悬挂方式参照糖醋液饵剂。

3. 植物提取物

利用植物源引诱剂诱杀成虫具有微量高效、兼容配套、环境友好、不易产生抗性等优点。目前柑橘害虫上已有研究的有橘小实蝇、地中海实蝇、柑橘粉虱等引诱活性物质。植物提取物的浓度也影响引诱作用，高浓度芳樟醇对柑橘粉虱具有显著的驱避作用。植物源提取物可直接毒杀柑橘木虱，有研究发现海芋乙醇提取物0.5小时内对柑橘木虱有较强的毒杀作用，且接种该提取物后2个月后，树体未检测到黄龙病菌。说明海芋乙醇提取物防治柑橘木虱的同时，遏制了柑橘黄龙病的传播。

此外，某些植物提取物对柑橘害虫也能产生胃毒和触杀作用。袁伊旻等发现胡椒、菖蒲、石菖蒲提取物对橘小实蝇成虫具有很好的胃毒和触杀作用。

七、矿物油的使用

矿物油的作用机理是通过封闭害虫气孔或封闭害虫感触器，使害虫窒息死亡或使其削弱甚至失去对寄主植物的辨别能力，对害虫防治效果好，对害虫天敌较安全，喷洒后残留较易降解，在土壤中能被微生物利用，对人畜安全。矿物油农药已广泛应用于柑橘害虫的防治，是绿色橘园害虫防治的主要技术措施，特别是对固定和移动缓慢的木虱、介壳虫、潜叶蛾、蚜虫和螨类等小型害虫灭杀效果非常理想，是其绿色防控方案的核心技术。

目前在中国登记销售的矿物油乳剂包括SK绿颖农用喷洒油、加德士-路易夏用油、安波尔喷洒油、法夏乐石蜡油等15种。害虫防控用的矿物油主要为园艺用矿物油（HMOs）和农用矿物油（AMOs）。

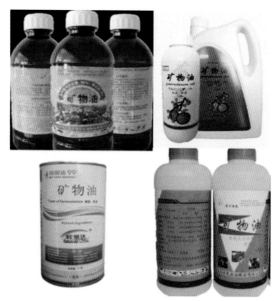

市面上销售的矿物油商品

随着分子量的增加，矿物油对害虫的作用可分为植物急性药害危险带、无杀虫药害带、最佳药效带及植物慢性药害危险带。

矿物油一般采用喷淋方式施用，使其在虫体或卵壳表面形成油膜，并通过毛细作用进入幼虫、蛹、成虫的气门和气管，使虫害窒息而死；通过穿透卵壳，干扰卵的新陈代谢和呼吸系统，达到杀卵目的。此外矿物油对螨类、潜叶蛾、柑橘木虱等害虫还有驱避作用。

矿物油乳剂对柑橘潜叶蛾有较好的防治效果，在柑橘秋梢期喷洒浓度为0.5%～0.9%的nC21、nC23和nC27矿物油乳剂，每6～7天1次，连续3天后调查。在0.5%矿物油乳剂中添加杀螟丹，可提高对柑橘潜叶蛾的防治效果，从而减少化学农药的使用次数，延缓柑橘潜叶蛾产生抗药性的时间。此外喷施矿物油乳剂对柑橘潜叶蛾雌成虫有很好的产卵驱避作用。从第1批柑橘芽绽放开始，到大多数叶长至3厘米时止，每隔5～10天用40～50毫升矿物油乳剂对水10升对嫩梢、嫩叶全面喷施1次。如果潜叶蛾的密度较大，可考虑在上述对水量的矿物油乳剂中加入95%杀螟丹6.6克。

矿物油乳剂对柑橘木虱成虫有较好的驱避作用，对柑橘木虱若虫也有较好的致死作用。可选用0.5%浓度nC21、nC23和nC27矿物油乳剂防治木虱若虫。除浓度外，矿物油的防治效果还与害虫的龄期有关，Rae等发现，柑橘木虱一至二龄若虫比三至五龄若虫对矿物油乳剂敏感。通常采取对未长成的芽、梢等使用40毫升矿物油乳剂对水10升全面喷治的方法，在新梢大量萌发时，开始第1次喷药，到大多数叶长至1厘米时止，每隔5～10天喷施1次。当一部分树已发芽抽梢时要特别注意观察。这种措施可杀死一至二龄若虫及部分三至五龄若虫，对成虫有较好的产卵驱避作用，也可以兼防大多数蚧类、螨和粉虱。对成虫和三至五龄若虫的防治，可在上述对水量的矿物油乳剂药液中加印楝素乳油10毫升。用矿物油防治柑橘木虱的同时也可以对叶部病害如柑橘藻斑病和脂斑病等进行防治。柑橘花蕾期和果实着色前期慎用机油乳油，以免产生药害。

八、现代和潜在新技术

害虫不育防治是利用辐射源或化学不育剂处理害虫，破坏其生殖腺、杀伤生殖细胞，或利用现代转基因技术、RNAi、CRISPR Cas9基因编辑技术等造成害虫不育，大量释放这种不育性个体到自然种群中，与野生雌虫交配，造成后代不育，使害虫种群数量不断减少，最后导致种群绝灭的害虫防控技术。

自20世纪50年代国外释放辐射诱导的不育性螺旋蝇，在一些岛上根除了这种害虫之后引起世界各国的注意。目前该技术在防治地中海实蝇、苹果蠹蛾等方面取得了显著效果。

1. 辐照不育防治

用钴60 γ 射线辐照获得不育雄虫，然后在压低虫口密度的基础上，在成虫盛发期大量释放经辐射不育的雄虫与自然雌虫交配，使产下的卵不能孵化，降低下一代虫口基数，如此反复进行，最终根除此虫。目前 γ 射线的辐照不育防治已

辐照不育橘小实蝇雄虫释放瓶

在南美洲、地中海沿岸部分国家应用于防治地中海实蝇。

赵学谦等研究发现，用钴60 γ 射线辐射柑橘大实蝇蛆果，并结合低温冷藏处理，冷藏温度为3～6℃，可以显著提高其幼虫的死亡率。同时，他们认为一定剂量的钴60 γ 射线降低了柑橘大实蝇幼虫的抗寒能力。近年来，伴随对钴60 γ 射线辐照源安全稳定性的研究，随着直线电子加速器的研发和广泛应用，高能电子射线的优势日渐显现，王珊珊等通过AB5.0～20x型电子直线加速器产生的高能电子处理不同虫态的橘小实蝇，发现高能电子束辐照能有效控制橘小实蝇卵的孵化（孵化率1.07%）和蛹的羽化（羽化率0），而对幼虫致死率为62.22%。

2. 基于RNAi和CRISPR/Cas9的不育防治

传统的昆虫不育技术（SIT技术）都是通过钴60 γ 射线辐照获得不育雄虫，但辐照影响不育雄虫的交配竞争力、飞行能力、寿命等生态适应能力而严重影响了不育防控技术的应用效果，因此国内外目前都致力于研究、发展基于RNAi、CRISPR/Cas9的不依赖于辐射的绿色SIT技术。张宏宇等以RNAi技术平台，首次发现昆虫对RNAi产生免疫耐受及其机制，明确了橘小实蝇spr、tra、orco、noa 等关键基因和miRNA在雌雄分化、定位和免疫中的功

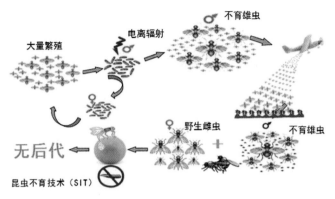

大量繁殖　电离辐射　不育雄虫

无后代　野生雌虫　不育雄虫

昆虫不育技术（SIT）

害虫不育防治原理（引自FAO/IAEA）

能，并利用RNAi、CRISPR-Cas9基因编辑技术编辑靶标基因，研发新的实蝇绿色SIT防控技术。

3.转基因抗病虫柑橘

转基因抗病虫作物是病虫害防治的一个重要方向，国内外一些实验室也在探索转基因抗病虫害的柑橘研究，特别是黄龙病蔓延肆虐，由于其不可培养和缺少有效防治技术，促进了转基因抗病虫柑橘的研究。目前美国已经从菠菜中克隆抗黄龙病基因，柑橘表达抗黄龙病；利用柑橘病毒或柑橘本身表达柑橘木虱dsRNA产生抗木虱柑橘；试图利用CRISPR-Cas9基因编辑技术编辑病害受体靶标基因进而使柑橘抗病等。当然转基因技术的应用还需要不断的技术进步和完善，转基因柑橘需要一系列安全性评价、公众和市场的选择淘汰才能成为真正实用的病虫害防治技术。

总之，应因地制宜，因虫施策，采取适合当地的绿色综合防治策略和措施，以农业防治为基础，协调应用农业防治、生物防治、物理防治、植物源和矿物源农药等非化学防治技术，辅以精准用药的柑橘病虫害绿色综合防治，不仅实现高效绿色控制病虫害，而且有利于保护天敌，保护生态环境，实现柑橘病虫害科学、高效和绿色防治，保障柑橘绿色、安全生产和柑橘产业的可持续发展，同时符合我国可持续农业和绿色农业的发展理念。

第五章　橘园科学用药技术

科学精准用药是橘园化学防治的基本原则，目的是提高农药的防治效果，减药增效，避免错误用药、盲目增加用药量，减少农药对农产品、人畜和环境的危害，延缓害虫抗药性的产生，以提高经济效益和生态效益，实现柑橘绿色、安全生产和可持续发展。

一、农药的选择

1. 用药原则

首先应根据当地橘园具体情况，确定施药方案。然后根据不同的防治对象及其发生规律和动态选择合适的农药，确定施药时期和施药部位，并根据农药特性，选用适当的施药方法。

2. 农药的选购要点

（1）核对药名、剂型及成分：选购农药时要特别注意查看标签上标注的名称、剂型、有效成分的种类及含量。对于信息不全的，净含量未标注或标注不明确的农药不要购买。

我国从2008年7月1日起生产的农药，不再用商品名，如害极灭、高巧、螨必死等，只用通用名称或简化通用名称，如阿维菌素、吡虫啉、噻虫嗪等。

农药的剂型是指工厂生产的原药与其他物质配合在一起，经过加工后，使该药剂有效地具备所应有的作用，也是用户最后购买时的农药形态。我国规定了120个农药剂型的名称及代码（GB/T 19378—2003）。截至2012年12月31日，我国已登记在册的农药产品约有2.7万个，其中原药/母药约占11.6%。从农药剂型分类统计比例看，乳油（EC）占有最大比重（38%），其次是可湿性粉剂（WP）（24%），再次是水剂（AS）（7%）和悬浮剂（SC）（6%）、

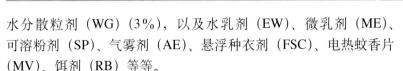

水分散粒剂（WG）（3%），以及水乳剂（EW）、微乳剂（ME）、可溶粉剂（SP）、气雾剂（AE）、悬浮种衣剂（FSC）、电热蚊香片（MV）、饵剂（RB）等等。

农药有效成分指农药产品中对病、虫、草等有毒杀活性的成分。工业生产的原药往往只含有效成分80%～90%。原药经过加工按有效成分计算制成各种含量的剂型，如3%粉剂、15%可湿性粉剂及2.5%乳油。

（2）检查包装及三证是否齐全：观察产品的包装和标签外观，合格产品除了质量合格外，产品的标签或说明书也应印制清晰，还要查看标签的内容是否齐全。我国农业部规定国产农药必须具备农药登记证号、产品标准号、生产批准号"三证"，购买时应向经销商核对农药登记证复印件与药品标签上是否一致，不相符的不要购买。

（3）查看使用范围：首先要根据柑橘病、虫、草害的防治需求，选择与药品标签上标注的适用作物和防治对象一致的农药，不一致的不要购买；其次核实所标注农药的施用方法是否适合自己使用；再者当有几种产品可选择时，要优先选择用量少、毒性低、残留小、安全性好的产品。在柑橘上用药禁止选择高毒、剧毒农药。

（4）注意有效期：农药标签上应当标注生产日期、有效期、批号、净含量，不购买未标注生产日期的农药；不购买已过期的农药。

（5）检查产品外观：合格农药产品的外观应具备以下特点：粉状产品应当为疏松粉末，无团块；颗粒产品应当粗细均匀，不应含有较多的粉末；乳油或水剂等流动状态的产品应当为均相液体，无沉淀或悬浮物。

（6）参考价格：农药价格与有效成分及其含量、产品质量和包装规格等有关，要将前面提到的因素综合分析。要选择诚信度高的企业所生产的长期使用的、效果好的农药；避免片面追求价格便宜；不要购买价格与同类产品存在很大差异的农药，价格明显低于同类产品和以往的价格的，假冒的可能性大。

二、科学精准用药技术

使用农药时应当严格按照农药标签标注的使用范围、使用方法和剂量、使用技术要求和注意事项等使用（见附录），不得扩大使用范围、加大用药剂量或者改变使用方法。此外不得使用禁用农药（表5-1）。

表5-1　无公害柑橘生产禁限用农药*

种　类	禁止使用的农药	限制使用的农药（采收期不得使用）	禁限用原因
有机氯杀虫剂	滴滴涕、六六六、艾氏剂、狄氏剂	林丹、硫丹、三氯杀螨醇	高残毒
有机汞杀菌剂	氯化乙基汞、醋酸苯汞		剧毒、高残毒
氟制剂	氟乙酰胺	氟化钙、氟化钠、氟化酸钠、氟硅酸钠	剧毒、高残毒
有机氮杀菌剂		双胍辛胺	慢性毒性
杂环类杀菌剂	敌枯双		致畸
取代苯类杀菌剂		五氯硝基苯、五氯苯甲醇、五氯酚钠、苯菌灵	致癌、高残毒
二苯醚类除草剂	除草醚	草枯醚	慢性毒性
卤代烷类熏蒸杀虫剂	二溴氯丙烷、二溴乙烷、	环氧乙烷、溴甲烷	致癌、致畸、高毒
二甲基甲脒类杀虫杀螨剂	杀虫脒		慢性毒性、致癌
氨基甲酸酯类杀虫剂	克百威、涕灭威、灭多威	丁（丙）硫克百威	高毒、剧毒

（续）

种　类	禁止使用的农药	限制使用的农药（采收期不得使用）	禁限用原因
有机磷杀虫剂	甲拌磷、甲基异柳磷、内吸磷、灭线磷、硫环磷、氯唑磷、水胺硫磷、甲胺磷、甲基对硫磷、久效磷、对硫磷、磷胺、苯线磷、甲基硫环磷、地虫硫磷、蝇毒磷、氧乐果、杀扑磷、乙酰甲胺磷、丁硫克百威、乐果（以上三种包括单剂、复配制剂，自2019年8月1日起）	乙拌磷、丙线磷	高毒、剧毒
无机砷杀虫剂	砷酸钙、砷酸铅、砷酸钙、砷酸铅、治螟磷		高毒
有机砷杀菌剂	甲基砷酸胺（田安）、福美甲胂	甲基胂酸锌（稻脚青）等	高残留
有机锡杀螨剂和杀菌剂		三苯基醋酸锡（薯瘟锡）（毒菌锡）、三苯基氯化锡、三苯基羟基锡（毒菌锡）、三环锡	高毒、慢性毒性

　*农药信息来自中国农药信息网（http://www.chinapesticide.gov.cn/）和无公害食品柑橘生产技术规程（NY/T 5015—2002），并随国家新标准而修订，以最新版本为准。

1.选择最适农药种类，对症用药

　　市面上杀虫剂、杀菌剂、除草剂种类繁多，每种农药的靶标有害生物种类有一定范围（见附录），应当针对防治对象和农药毒理与性能，选用最合适的农药品种、对症下药。优先选择矿物源（矿物乳油、石硫合剂等硫制剂，波尔多液等铜制剂），植物源农药（除虫菊素、烟碱、苦楝素、川楝素等制剂及其复配剂），生物农药（苏云金杆菌、病原真菌、病毒等微生物农药与天敌昆虫产品），灭幼脲等昆虫生长调节剂，以及菊酯类（溴氰菊酯、氯氰菊酯等）、新烟碱类（吡虫啉、噻虫嗪等）、噻螨酮、克螨特、甲基硫菌灵、噻菌灵等高效、低毒、低残留农药。

防治病害使用杀菌剂，防治虫害使用杀虫剂，防治螨害选用杀螨剂，防除杂草则使用除草剂；咀嚼式口器害虫应选择胃毒剂和触杀剂，而刺吸式口器害虫则应选择触杀剂和内吸剂；病害防治上一般发病之前可选择保护性杀菌剂如代森锰锌、丙森锌、氢氧化铜；感病期间可选择内吸治疗性杀菌剂二甲酰亚胺类杀菌剂、甲氧基丙烯酸酯类杀菌剂、三唑类等。

2. 科学合理配制（混配）药剂

（1）橘园几种常见农药的配制：

①波尔多液。波尔多液是最早的杀菌剂，按硫酸铜1份、生石灰1份、水100份的比例配制而成，其黏着力强，喷到植株上后就形成白色的药膜，并逐渐形成可溶性铜化合物，有很强的保护性杀菌能力，主要用于橘树疮痂病、炭疽病、树脂病、脚腐病、溃疡病等的防治。

配制时，准备两只容器，其中一只先用少量热水溶解硫酸铜，然后加水至90份，另一只加10份水溶解生石灰。当石灰乳温度将至室温时，再将硫酸铜溶液边搅拌边缓缓倒入，即配成所需的蓝色波尔多液。

波尔多液的配制和使用中应注意以下内容：石灰应选择优质、色白、质轻、新鲜的块状生石灰，硫酸铜应选青蓝色有光泽的晶体；不能使用金属容器配制，液体温度不可高于室温，必须将硫酸铜液倒入石灰乳中；柑橘芽过长时不能喷洒，以免发生药害，不能与松脂合剂、石硫合剂、敌百虫等混合使用，且至少20天后才能使用石硫合剂。

②石硫合剂。是石灰硫黄合剂的简称，是一种常见的杀虫杀菌剂，由硫黄粉2份、生石灰1份、水10份的比例配制而成，有臭鸡蛋气味，呈碱性。用于防治柑橘螨类害虫。

配制时应选择未风化的块状白石灰，先将水加热，再加入温水调成糊状的硫黄粉，加热搅拌的条件下逐渐加入生石灰，熬煮50分钟左右，至药液由黄色变成酱油色时停火，冷却后滤掉残渣即可。需注意下料顺序是先硫黄再石灰，硫黄粉要充分磨细；配

好后应将原液密闭储藏，稀释液随配随用。

③松脂合剂。由松脂1.5千克，碳酸钠1千克，水5升混合煎制而成。由于其主要成分是松脂皂和游离碱，能腐蚀害虫体壁，闭塞害虫气孔，从而杀虫。主要防治介壳虫及螨类、地衣、苔藓等。配制时原料应选择黄色硬脆的松脂，同时不要用井水及含盐分高的海水，在开水中加入碳酸钠，待溶化后再徐徐加入松脂搅拌至全部溶化，药液由棕褐色变为赤褐色时，停止加热，冷却后过滤便得到松脂合剂。

在使用的过程中，应避免在橘树开花期、幼果期、长期干旱或者气温33℃以上使用，防止药害。不能与波尔多液、石硫合剂、有机磷等农药混用，同时使用间隔周期至少在30天以上。

（2）农药混配的原则与注意事项：农药的混配是为了增加防治谱，提高工作效率，利用作用机制不同的农药混配提高防治效果，延缓病虫抗药性产生。科学合理配制（混配）农药注意事项如下：

第一，不应影响有效成分的化学稳定性。不同农药的分子结构和化学性质（如酸碱性）不同，农药混配要以不让有效成分发生化学变化为前提，以"同性相配"为原则，即酸性农药与酸性农药混配，碱性农药与碱性农药混配，酸碱性相反不能混配。

第二，不能破坏药剂的物理性状。两种乳油混用，要求仍具有良好的乳化性、分散性、湿润性、展着性能；两种可湿性粉剂混用，则要求仍具有良好的悬浮率及湿润性、展着性能。这不仅是发挥药效的条件，也可防止因物理性状变化而失效或产生药害。如果混配后有成分结晶析出，药液中出现分层、絮结、沉淀等都不能混用。表5-2列出了柑橘上常用农药的混用情况。

第三，作用机制不同的药剂混配，有利于提高防治效果，延缓病虫产生抗药性。杀虫剂有触杀、胃毒、熏蒸、内吸等作用方式，杀菌剂有保护、治疗、内吸等作用方式，如果将这些不同作用方式的药剂混用，可以互相补充，会产生很好的防治效果，甚至增效作用。如将保护性杀菌剂代森锰锌和内吸治疗性杀菌剂苯醚甲环唑等制成复配制剂，不仅能提高杀菌效果还可以预防沙皮

表5-2　橘园常用农药混合使用参考*

	赤霉素	石硫合剂	退菌特	代森类	噻菌灵	甲霜灵	多菌灵	甲基硫菌灵	波尔多液	松脂合剂	机油乳剂	拟除虫菊酯类	阿维菌素	达螨酮	四螨嗪	噻螨酮	溴螨酯	三唑锡	克螨特	杀螨脒	双甲脒	单甲脒	毒死蜱	敌百虫	敌敌畏
敌敌畏	＋	×	＋	＋	＋	＋	＋	＋	×	×	＋	＋	＋	＋	＋	＋	＋	＋	＋	＋	＋	＋	＋	○	
敌百虫	＋	×	＋	＋	＋	＋	＋	＋	△	×	＋	＋	＋	＋	＋	＋	＋	＋	＋	＋	＋	＋	＋		
毒死蜱	＋	×	＋	＋	＋	＋	＋	＋	×	×	＋	＋	＋	○	＋	＋	○	○	○	○	○	＋			
单甲脒	＋	×	＋	＋	＋	＋	＋	＋	×	×	＋	＋	○	○	＋	＋	○	○	○	○	○				
双甲脒	＋	×	＋	＋	＋	＋	＋	＋	×	×	＋	＋	○	○	＋	＋	○	○	○	○					
杀螨脒	＋	×	＋	＋	＋	＋	＋	＋	×	×	＋	＋	○	○	＋	＋	○	○	○						
克螨特	＋	×	＋	＋	＋	＋	＋	＋	×	×	＋	＋	○	○	＋	＋	○	○							
三唑锡	＋	×	＋	＋	＋	＋	＋	＋	×	×	＋	＋	○	○	＋	＋	○								
溴螨酯	＋	×	＋	＋	＋	＋	＋	＋	×	×	＋	＋	○	○	＋	○									
噻螨酮	＋	△	＋	＋	＋	＋	＋	＋	△	△	＋	＋	＋	○	○										
四螨嗪	＋	△	＋	＋	＋	＋	＋	＋	△	×	＋	＋	＋	○											
达螨酮	＋	△	＋	＋	＋	＋	＋	＋	△	×	＋	＋	○												
阿维菌素	＋	×	＋	＋	＋	＋	＋	＋	×	×	＋	＋													

（续）

	敌百虫	毒死蜱	单甲脒	双甲脒	杀螨脒	克螨特	三唑锡	溴螨酯	噻螨酮	四螨嗪	达螨酮	阿维菌素	拟除虫菊酯类	机油乳剂	松脂合剂	波尔多液	甲基硫菌灵	多菌灵	甲霜灵	噻菌灵	代森类	退菌特	石硫合剂	赤霉素
拟除虫菊酯类														+	×	×	+	+	+	+	+	+	×	+
机油乳剂															○	+	+	+	+	+	+	+	×	+
松脂合剂																×	×	×	×	△	×	×	×	×
波尔多液																	×	×	×	△	×	×	×	×
甲基硫菌灵																		○	+	○	+	○	○	+
多菌灵																			+	○	+	○	○	+
甲霜灵																				○	○	○	○	+
噻菌灵																					○	○	○	+
代森类																						○	○	+
退菌特																							×	+
石硫合剂																								×

*引自《柑橘技术培训教材》，中国科学院柑橘研究所编著；表中符号说明："+"表示可以混用，"×"表示不能混用，"○"表示不必混用，"△"表示混合后需立即使用。

病和炭疽病的感染。此外，作用于不同虫态的杀虫剂混用可以杀灭田间害虫各种虫态，杀虫彻底，从而提高防治效果。几种病虫害同时发生时，采用混配的药剂，可以减少喷药次数，减少工作时间，从而提高工作效率。

第四，混配品种不能太多且价格要合理。混配农药品种，一般以2种为宜，最好不要超过3种，种类过多易产生不良后果。农药混用讲究经济效益，除了使用时省工、省时外，混用一般应比单用成本低些。较昂贵的新型内吸性杀菌剂与较便宜的保护剂杀菌剂混用不仅比单用成本低，还能提高杀菌效果，延缓病害对杀菌剂产生抗性。

第五，按顺序加药。混配时，应先加水，后加药。加入第1种药剂搅拌均匀后，再加第2种。不能将所有混配农药全部一起加入喷雾器内，再对水稀释，以免降低药效，达不到应有的增效作用；混药时，将不同剂型农药进行排序，按可湿性粉剂-水分散粒剂-悬浮剂-微乳剂-水乳剂-水剂-乳油的顺序依次加入。加药时，边加边搅拌混匀，待药剂充分溶解后再加下一种药剂。两种可湿性粉剂混合，要先混合均匀，再加水稀释。

农药混配首先应根据施药面积和标签上推荐的使用剂量计算好用药量，再采用"二次法"稀释：

①加水稀释的农药：先用少量水将农药制剂稀释成"母液"，然后再将"母液"稀释至所需要的浓度；

②拌土、沙等撒施的农药：应先用少量稀释载体（细土、细沙、固体肥料）将农药制剂均匀稀释成"母粉"，然后再稀释至所需要的用量。

第六，注意配药安全。配制农药应远离住宅区、牲畜栏和水源。

第七，现配现用。农药混用，要现配现用，尽快用完，不可存放，以免失效。

3. 确定最适用药时期和剂量

根据病虫害发生规律和农药毒理特性，适时用药。绝大多数病虫害在初期症状很轻，此时用药效果好，待大面积暴发后，即便加大用药剂量和次数，也很难挽回损失。一般害虫幼虫期，特别是低龄幼虫对农药最敏感且群集、未分散，易被集中杀死，所以除特殊情况外，如实蝇等蛀果类害虫成虫期防治为主，一般低龄幼虫高峰期用药比较好；另外应根据柑橘病虫害的发生量和防治指标确定是否用药（表5-3）。

根据病虫害和农药种类以及柑橘发育期，确定最佳的药剂使用浓度和剂量。一般浓度越高，药效越好，但若超过一定剂量，则不会再增加药效，只是增加用药量和成本，且易引起作物药害。例如防治介壳虫时，用松脂合剂18～20倍液，而冬季清园则用8～10倍液；可用95%机油乳剂100～200倍液，但花蕾期和果实着色前期慎用。利用脱脂棉蘸药塞入虫孔内或注射器（不带针头）注入药液防治天牛、吉丁虫等蛀干害虫时，80%敌敌畏乳油和40%乐果乳油蘸药用5～10倍液，而注射用10～20倍液，树冠喷雾防治则用1 000～2 000倍液。因此应根据用药使用说明，按照要求使用，尽可能减少化学农药的使用次数和用量，以减轻对环境、农产品质量安全的影响。

严格遵守农药安全间隔期规定，农药安全间隔期是指最后一次用药到作物采收时，农药残留量降到最大允许残留限量所需的安全间隔时间，即收获前禁止使用农药的时间。在果园中用药，最后一次喷药与收获之间必须大于安全间隔期，以防人畜中毒和农药残留超标。不同农药的安全间隔期不同（详细见附录）。

4. 选择正确的施药方法

针对农药种类和防治对象的不同，采用不同施药方法，以提高防效和保护天敌。不同剂型农药，如乳剂、可湿性粉剂等，以喷雾和浇泼为主；颗粒剂以撒施或深基施为主；粉剂以喷施和撒毒土为主。作用机制不同的农药，如触杀剂以喷雾为主，内吸剂则喷雾、泼浇或撒毒土等均可。不同习性的害虫，如食叶害虫以喷雾和喷粉为主；柑橘木虱、粉虱、蚜虫等刺吸式口器害虫可用烟碱类等内吸性杀虫剂，特别是灌根有利于提高防效和持效期；

表 5-3　柑橘主要病虫害化学防治技术信息*

防治对象	化学防治时期或指标	常用药剂及浓度		每季最多使用次数	安全间隔期（天）
柑橘红蜘蛛	冬季清园至春芽萌发前、春梢期、秋梢转绿期，特别是冬季越冬卵盛孵期（幼螨卵比达1左右），春梢害螨第一个高峰期为防治关键期。防治指标：花前1~2头/叶，花后和秋季5~8头/叶	冬季清园	73%克螨特乳油1 200~2 000倍液	3	30
			95%机油乳剂150~200倍液	2	15
		其他季节	30%松脂酸钠水乳剂800~1 000倍液	3	30
			20%哒螨灵可湿性粉剂2 000~2 500倍液	2	20
			24%螺螨酯水乳剂4 000~5 000倍液	1	30
侧多食附线螨	夏、秋梢萌发期为防治关键期，其他可参照柑橘红蜘蛛的防治方法		0.3%苦参碱水剂500~800倍液	2	15
柑橘锈壁虱	6~7月害螨盛发期为关键期。防治指标：出现一个黑果或蚀果率5%~10%，叶或果上每视野内有2~3头螨，其他可参照柑橘红蜘蛛的防治方法		11%乙螨唑悬浮剂5 000~7 000倍液	2	14

（续）

防治对象	化学防治时期或指标	常用药剂及浓度		每季最多使用次数	安全间隔期（天）
矢尖蚧/红蜡蚧/吹绵蚧/糠片蚧/柑橘小粉蚧/褐圆蚧/黄圆蚧/红圆蚧	卵孵化高峰期，特别是一代低龄若虫高峰期为防治关键期。防治指标：春季越冬代雌成虫0.5头/梢或10%叶片发现有若虫；5～10月，若虫3～4头/梢，或者10%叶片或果实发现有若虫为害	冬季清园	松脂合剂8～10倍液		30
		其他季节	25%噻嗪酮可湿性粉剂1000倍液	2	35
			松脂合剂18～20倍液		30
黑点蚧	6～8月一龄幼蚧高峰期为药剂防治重点，其他可参照矢尖蚧防治方法		95%机油乳剂100～200倍液（花蕾期和果实着色前期慎用）	2	15
堆蜡粉蚧	4月上中旬第一、二代若虫盛发期为防治关键期，其他可参照矢尖蚧防治方法		40%辛硫磷乳油1000～1200倍液		15
粉虱类	卵孵化高峰期，特别是发生较整齐的第一代若虫盛发期为防治关键期。防治指标：5%以上的叶片发现有若虫为害		10%吡虫啉可湿性粉剂2500～3000倍液	2	14
			5%啶虫脒乳油1000～2000倍液	2	21

（续）

防治对象	化学防治时期或指标	常用药剂及浓度	每季最多使用次数	安全间隔期（天）
柑橘木虱	越冬期与春梢萌芽期产卵前及春梢期，特别是春梢萌芽、成虫产卵前为防治关键期	10%吡虫啉可湿性粉剂1 500～2 000倍液	2	14
		25%噻虫嗪水分散粒剂4 000～5 000倍液	2	28
蚧虫类	春、夏、秋梢嫩梢期为防治关键期 防治指标：春嫩梢期有虫梢率达到15%，秋梢期有芽梢率达到20%	3%啶虫脒悬浮剂2 500～3 000倍液	2	30
		10%吡虫啉可湿性粉剂2 500～4 000倍液	2	14
		40%辛硫磷乳油1 000～1 500倍液	2	15
柑橘潜叶蛾	低龄幼虫和成虫盛发期为化学防治适期 防治指标：全园20%枝梢抽出嫩芽，有虫卵率20%左右，多数新梢嫩芽长1～2厘米	1.8%阿维菌素乳油3 000～4 000倍液	2	14
		2.5%溴氰菊酯乳油3 000～4 000倍液	3	28
		10%吡虫啉可湿性粉剂1 500～2 000倍液	2	14
卷叶蛾类	越冬代幼虫出蛰期和第一代幼虫孵化盛期为防治关键期 防治指标：幼虫3～5头/株	80%敌敌畏乳油1 000倍液	2	21
		90%敌百虫晶体800～1 000倍液	2	28
		2.5%溴氰菊酯乳油2 500～3 000倍液	3	28
刺蛾类	低龄幼虫高峰期为防治关键期	2.5%溴氰菊酯乳油2 000～3 000倍液	3	28
		90%敌百虫晶体1 500～2 000倍液	3	28
蓑蛾类	卵孵化高峰期为防治关键期，喷药时间以傍晚最好，清晨次之	10%氯菊菊酯乳油3 000～4 000倍液	3	7
		2.5%溴氰菊酯乳油2 000～2 500倍液	3	28

（续）

防治对象	化学防治时期或指标	常用药剂及浓度	每季最多使用次数	安全间隔期（天）
双线盗毒蛾	初龄幼虫高峰期为防治关键期	80%敌敌畏乳油800倍液	2	21
		10%杀灭菊酯乳油1 500～2 000倍液		
蓟马类	防治指标：谢花末期，5%～10%的幼果有虫，或幼果直径达到1.8厘米后有20%的果实有虫	2.5%溴氰菊酯乳油2 500～3 500倍液	3	28
		10%吡虫啉可湿性粉剂2 500～3 000倍液	2	14
蜡类	成虫越冬刚结束和低龄若虫（卵孵化）高峰期为防治关键期	80%敌敌畏乳油1 000倍液	2	21
		20%氰戊菊酯乳油3 000～4 000倍液	3	7
恶性叶甲	卵孵化高峰期为防治关键期	2.5%溴氰菊酯乳油3 000～4 000倍液	3	28
		80%敌敌畏乳油1 000倍液	2	21
		35%辛硫磷乳油1 000倍液		15
柑橘凤蝶类	幼虫一、二龄高峰期为防治关键期	2.5%溴氰菊酯乳油2 000～3 000倍液	3	28
		10%氯氰菊酯乳油2 000～3 000倍液	3	7
尺蠖类	第一、二代的一至二龄幼虫高峰期为防治关键期	50%杀螟松乳油500倍液		15
		80%敌敌畏乳油800～1 000倍液	2	21
		90%敌百虫晶体600～800倍液	3	28
		2.5%溴氰菊酯乳油2 000～3 000倍液	3	28

（续）

防治对象	化学防治时期或指标	常用药剂及浓度		每季最多使用次数	安全间隔期（天）
象虫	成虫出土高峰期为防治关键期	成虫出土高峰期处理土壤	50%辛硫磷乳油1 000~2 000倍液		15
		上树为害盛期喷施树冠	20%甲氰菊酯乳油2 000~3 000倍液	3	30
			90%敌百虫晶体800~1 000倍液	3	28
蝗虫	三龄前若虫群集为害期为防治关键期	90%敌百虫晶体800倍液		3	28
		50%马拉硫磷乳油1 000倍液			10
		化蛹高峰期地面喷施防治幼虫	45%马拉硫磷乳油500~600倍液		10
			50%辛硫磷800~1 000倍液		15
实蝇类	成虫交配产卵高峰期为防治关键期	羽化产卵期盛成虫	诱杀瓶、点喷或条喷	红糖、蛋白等食物毒饵；性信息素毒饵	
		喷施树冠	10%氯氰菊酯乳油2 000倍液	3	7
			80%敌敌畏乳油1 000倍液		21

（续）

防治对象	化学防治时期或指标	常用药剂及浓度		每季最多使用次数	安全间隔期（天）
橘实雷瘿蚊	成虫羽化期为防治关键期	50%辛硫磷乳油1 000～2 000倍液		3	15
		2.5%溴氰菊酯乳油2 000～3 000倍液		3	28
桃蛀螟	第一代卵孵化期为防治关键期，也可采取果实套袋保护，套袋前喷药防治1次	20%甲氧菊酯乳油40毫升		3	30
		80%敌敌畏乳油100毫升		2	21
橘星天牛　褐天牛　光盾绿天牛	幼虫：可用钢丝钩杀或用脱脂棉脂蘸药塞入虫孔内，也可用注射器注入药液，用完药后粘土封塞洞孔　成虫：5月底至8月天牛成虫羽化出洞盛期为防治关键期，树冠和枝条可喷药防治　注意：光盾绿天牛于6～7月幼虫盛发期，剪除被害枝梢是其防治关键措施	幼虫	80%敌敌畏乳油5～10倍液（蘸药）	2	21
			80%敌敌畏乳油20倍液（注射）	2	21
		成虫	80%敌敌畏乳油2 000～3 000倍液	2	21
			2.5%溴氰菊酯乳油2 000～3 000倍液	3	28
柑橘爆皮虫	成虫出洞高峰期为防治关键期	90%敌百虫晶体1 000～1 500倍液		3	28
		80%敌敌畏乳油3倍液		2	21
柑橘溜皮虫	成虫出洞高峰期为防治关键期，对树冠进行喷药防治，也可以在成虫开始羽化而尚未出洞前，在幼虫进孔周围1.5厘米范围内，涂抹药剂	2.5%溴氰菊酯乳油3 000倍液		3	28
		80%敌敌畏乳油600倍液		2	21

（续）

防治对象	化学防治时期或指标	常用药剂及浓度	每季最多使用次数	安全间隔期（天）
小蠹虫类	发现初侵害树时以防治为关键期，用含农药的棉球塞入蛀孔，并用泥土封口毒杀虫体或晴暖天利用虫体喜在洞口周边活动等习性，对树干进行喷药防治	80%敌敌畏乳油2 000～3 000倍液	2	21
		90%敌百虫晶体1 000倍液	3	28
溃疡病	结果树：以保护幼果为主，谢花10～15天第一次药，夏秋梢则在抽梢后7～10天喷药，每隔15天1次，连续3次 幼龄树：以保梢为主，新梢萌芽后15～20天喷第一次药，以后每隔15天1次，连续2次	77%氢氧化铜可湿性粉剂600～800倍液	5	30
		20%噻菌铜悬浮剂500倍液	3	14
		30%噻唑锌水分散剂500～750倍液	3	21
		50%春雷·王铜500～800倍液	5	21
疮痂病	梢期及幼果期为防治关键期，春梢芽长2毫米药保第一次药，谢花2/3喷药保幼果，如遇低温多雨天气，第二次喷药后隔15天左右再补喷1次	80%代森锰锌可湿性粉剂600～800倍液	3	30
		25%嘧菌酯悬浮剂1 500倍液	3	14
		70%代森联干悬浮剂500～700倍液		
		10%苯醚甲环唑水分散粒剂2 000～2 500倍液	3	15
炭疽病	新梢受害严重的果园：春梢萌发期和每次新梢抽生期为防治关键期，老果园、采前落果和储藏期炭疽病（沙皮病）进行防治，果园：前期结合疮痂病和黑点病1次，8月下旬每隔20天左右喷药1次，连续2次	40%腈菌唑水分散粒剂4 000～6 000倍液	3	7
		25%咪鲜胺乳油500～1 000倍液	1	14
		80%代森锰锌可湿性粉剂600倍液	3	30

（续）

防治对象	化学防治时期或指标	常用药剂及浓度	每季最多使用次数	安全间隔期（天）
树脂病/黑点病/沙皮病/褐色蒂腐病	已发病的橘树：彻底刮除病组织或纵刻病部涂药治疗，每周1次，连续使用3~4次	70%甲基硫菌灵200倍液	3	30
	果实黑点病防治：落花坐果后喷1次药，以后视天气情况每隔15~20天左右喷药1次，连喷4~5次，最好是雨前喷施，遇连续降雨后要及时补喷	80%代森锌可湿性粉剂400~600倍液	3	30
		60%唑醚·代森联水分散粒剂1000~2000倍液	3	3
		25%嘧菌酯悬浮剂1000~2000倍液	3	14
		80%克菌丹水分散粒剂400~600倍液	3	21
黑斑病	落花后15天内喷第一次药，以后每隔15~20天再喷1次，连喷3~4次	25%嘧菌酯悬浮剂1000~2000倍液	3	14
		10%苯醚甲环唑水分散粒剂2000~2500倍液	3	15
		50%咪鲜胺可湿性粉剂1500倍液	3	7
		40%腈菌唑水分散粒剂4000~6000倍液	3	7
脂点黄斑病	第一次喷药选择在5月中旬至6月底，主要保护春梢和幼果；第二次和第三次可在7月和8月进行，保护夏梢和果实	80%代森锌可湿性粉剂600~800倍液	3	30
		20%吡唑醚菌酯乳油3000倍液		
		50%咪鲜胺可湿性粉剂1500倍液		7

（续）

防治对象	化学防治时期或指标	常用药剂及浓度	每季最多使用次数	安全间隔期（天）
褐斑病	春梢和幼果期为防治关键期。春梢1厘米时喷第一次，隔7～10天再喷1次，落花后根据品种的抗性和天气情况每隔10天左右喷1次	80%代森锰锌可湿性粉剂600～800倍液	3	30
		77%氢氧化铜可湿性粉剂400～600倍液	5	30
		10%苯醚甲环唑水分散粒剂2 000～2 500倍液	3	15
		40%氟硅唑乳油6 000倍液	2	21
		30%唑醚·戊唑醇2 000～3 000倍液	3	35
		50%三乙膦酸铝·锰锌可湿性粉剂100倍液		
		25%甲霜灵·锰锌可湿性粉剂100～200倍液		
脚腐病	涂抹病部	石硫合剂原液	2	15
		1：1：10波尔多液	4	14
煤烟病	发病初期为防治关键期	松脂合剂8～10倍液		
		矿物油200～250倍液		
灰霉病	开花期为防治关键期	50%异菌脲可湿性粉剂1 500倍液	3	不少于7
		40%嘧霉胺悬浮剂1 000倍液	3	

（续）

防治对象	化学防治时期或指标	常用药剂及浓度		每季最多使用次数	安全间隔期（天）
灰霉病	开花期为防治关键期	25%嘧菌酯悬浮剂1 500倍液		3	14
疫霉褐腐病	大雨前后可预先喷药保护	50%甲霜灵·锰锌可湿性粉剂500~600倍液			
		20%噻菌铜悬浮剂500倍液		3	14
青霉病/绿霉病/黑腐病/酸腐病/根霉腐烂病	可以在采果前7~10天，对准果实喷施药剂	40%双胍辛胺乙酸盐可湿性粉剂1 500倍液		1	60（距上市时间）
		40%双胍辛胺乙酸盐可湿性粉剂1 500倍液		1	60（距上市时间）
	也可在采果后24小时内用药剂浸果1~3分钟，也有的将药剂与果蜡混合后处理果实	25%咪鲜胺乳油500~1 000倍液		1	14
		50%抑霉唑乳油1 000~2 000倍液		1	60（距上市时间）
缺氮	采果期、开花期、抽梢期为矫治关键期	沟施（基施）	氮肥0.5~1.2千克/株	1	60~90
		喷施	1%~1.5%尿素	2~3	7~10

（续）

防治对象	化学防治时期或指标	常用药剂及浓度		每季最多使用次数	安全间隔期（天）
缺磷	采果期、开花期、挂果期、果实膨大期为矫治关键期	沟施（基施）	过磷酸钙0.5～1.0千克/株	1	60～90
		喷施	0.5%～1.0%过磷酸钙	2～3	7～10
缺钾	采果期、开花期、挂果期、果实膨大期为矫治关键期	沟施（基施）	硫酸钾0.5～1.0千克/株	1	60～90
		喷施	0.5%硫酸钾、硝酸钾或磷酸二氢钾溶液	2～3	7～10
缺钙	采果期、开花期、挂果期、果实膨大期为矫治关键期	沟施（基施）	酸性土壤：石灰、碱性土壤：石膏	1	60～90
		喷施	钙肥	2～3	7～10
缺硫	采果期、开花期、抽梢期为矫治关键期	沟施（基施）	石膏或含硫化肥		
		喷施	0.3%硫酸盐溶液	2～3	10
缺硼	春梢期及盛花期为矫治关键期	沟施（基施）	10～15克/株 硼砂或硼酸		
		喷施	0.05%～0.1%硼砂溶液	2～3	7～10
缺铁	新梢生长期为矫治关键期	沟施（基施）	碱性土壤，EDDHA 15～30克/株		
		喷施	0.1%～0.2%柠檬酸铁或硫酸亚铁溶液	3～4	7

（续）

防治对象	化学防治时期或指标	常用药剂及浓度		每季最多使用次数	安全间隔期（天）
缺锌	春梢期为防治关键期	沟施（基施）	50～100克/株硫酸锌或氧化锌		
		喷施	0.2%～0.3%硫酸锌	2～3	10
缺镁	挂果期及膨大期为防治关键期	沟施（基施）	硫酸镁、氢氧化镁、氧化镁10～20千克/亩		
		喷施	1%～2%硫酸镁溶液或0.1%硝酸镁溶液	2～3	7～10
缺钼	抽梢期或幼果期为防治关键期	沟施（基施）	50～150克/亩钼酸铵或钼酸钠		
		喷施	0.01%～0.1%钼酸钠或钼酸铵	1～2	10

*农药信息来自中国农药信息网（http://www.chinapesticide.gov.cn/）和无公害食品　柑橘生产技术规程（NY/T 5015—2002），并随国家新标准而修订，以最新版本为准。

实蝇类、柑橘花蕾蛆、叶甲等在树冠下土中越冬或越夏的害虫，可利用此习性进行地面撒毒土等地面施药处理；天牛、吉丁虫等蛀干害虫可以向蛀孔注射农药或塞药棉；夜出性或卷叶为害的害虫，以傍晚施药效果最好；实蝇成虫则用毒饵诱捕器或点喷、条施诱杀，减少用药量。

掌握正确的喷药技术。使用农药防治病虫害，必须将农药均匀地喷洒在植株及病虫表面，才能起到较好的效果；喷雾和喷粉应该在露水干后使用。喷药方法是："围树转圈，打膛打尖；下翻上扣，打匀打透；顺枝喷撒，枝叶不漏；喷头离叶，一尺*左右"。喷药顺序有"三先三后"，即"先上后下，先内后外，先迎风面，后背风面"。

5. 选择性能良好的施药器械

确定最佳施药方式后，还应选择性能良好的施药器械。目前市场上销售的农药喷雾器械主要有弥雾机、手动喷雾器两大类。应选择正规厂家生产的农药喷雾器械，并根据农药防治对象的不同正确选择喷头。农药喷雾器械的喷头有两种，一种是扇形喷头，特点是喷出的雾面呈扇状平面，雾滴较大，飘移较少，这种喷头适宜喷施除草剂；另一种是空心圆锥形喷头，特点是喷出的雾滴较细，容易飘移，雾滴可以从不同的方向接触到叶片，适合于喷施杀虫剂。要注意定期更换磨损的喷头，每次使用药械后一定要用水清洗干净，避免药械里残留的药液对以后喷施其他农药造成不良影响。

6. 注意农药的合理轮换使用

长期单一使用某一种农药，导致病虫害产生抗药性而引起农药的防治效果下降，甚至失效。目前，我国至少已有50多种（类）害虫（螨）产生了抗药性，且抗药性的种类在迅速增加，柑橘全爪螨已经对有机磷类、有机氯类、菊酯类等多种农药产生了不同程度的抗药性，且抗药性问题愈演愈烈。柑橘木虱已对毒死蜱、

---

* 尺为非法定计量单位，1尺≈33.3厘米。全书同。

高效氯氰菊酯、吡虫啉产生抗药性，LC_{95}计算的抗性数值高低依次为毒死蜱（21.66，中水平抗性）>吡虫啉（12.14，中水平抗性）>高效氯氰菊酯（6.83，低水平抗性）；产黄青霉、波兰青霉、酸腐病菌、黑腐病菌、皮落青霉、乌来青霉和指状青霉等柑橘采后病害对多菌灵和甲基硫菌灵等苯并咪唑类药剂产生了不同程度的抗性，需要较高浓度（大于100mg/kg）才能抑制这些病原菌的生长。因此注意农药的合理轮换使用，特别是具有不同杀虫机理、没有交互抗性农药的交替轮换使用，如有机磷与氨基甲酸酯类农药交替使用。

7.避免花期用药

柑橘花是蜜蜂重要的蜜源植物，为了避免杀伤蜜蜂，尽量避免在花期用药。

三、药害与预防

化学防治在柑橘病虫害防治中占有重要的地位，但如果对病虫害的诊断失误，错用农药，则会贻误防治适期，影响树体生长发育，甚至造成药害和人畜急性或慢性中毒。

1.柑橘药害产生的原因

一般来说，产生药害的原因主要有以下四个方面：

（1）与农药的使用和操作有关：滥用农药，随意加大用药量，不按农药使用说明书用药，盲目使用不宜在柑橘上使用的药剂，或长期单一使用一种药剂防治病虫害，不合理混用农药，随意提高浓度等极易导致药害。

（2）与农药剂型和施用方式有关：一般水溶性强的无机农药易产生药害，而水溶性弱的有机农药比较安全；乳剂易产生药害，可湿性粉剂次之，粉剂和颗粒剂比较安全；除草剂和杀菌剂易产生药害，而杀虫剂比较安全；施药方式上多次重复使用，雾点大，喷头太靠近作物等易产生药害。

（3）与植物本身有关：禾本科作物、蔬菜耐药性较强，但是柑橘等果树和豆科植物易产生药害，特别是苗期、抽梢期和花蕾期耐药性差。

（4）与气候环境有关：一般温度高，阴天湿度大，雾露重，干旱及大风条件下易产生药害；沙质土有机质少，药剂淋溶到植物根部也易产生药害。

2. 药害症状的识别

柑橘一旦发生药害，会出现斑点、畸形、枝叶枯萎、落花落果甚至生长停滞，因此要清楚识别药害的症状，以便对症下药，采取控制措施。

（1）急性药害：一般药害发生快，症状明显，表现为叶片出现麻状斑点、穿孔、焦灼、枯萎、黄化、卷叶，甚至落叶；果实上则出现斑点、畸形、变小，甚至落果；花瓣表现枯焦，落花、落蕾；根部粗短肥大、缺根毛，甚至腐烂；整体植株生长延缓、矮化、茎秆扭曲，甚至枯死。

（2）慢性药害：症状不明显，不易判断，一般表现为光合作用延缓，发育不良，果变小，早期落果，品质下降。

（3）残留药害：一般施药时，约一半药剂残留到地面，由于长期积累进而影响作物生长，产生药害。

3. 科学用药，预防药害

药害会给柑橘生产造成极大的损失，但是严格按照农药使用操作规程、科学合理使用农药，完全可以防止药害。

（1）合理选择农药品种和剂量：严格控制使用浓度和剂量，合理混用农药，不能任意加大浓度和药量，保护性杀菌剂和内吸治疗性杀菌剂合理配合使用，才能提高防治效果。

（2）正确的施药方法：喷洒农药要均匀，周到，特别是悬浮性或乳化性不良的一些可湿性粉剂，应边施用边搅动，避免喷药前后有效成分不均而造成药害。

（3）作物不同生育期耐药力不同：一般苗期，抽梢期和花蕾期耐药性差，组织幼嫩，抗逆能力弱，容易发生药害，喷药时应尽量避开这类生育期，即使此时用药也应注意用药种类和剂量，适当降低用药浓度。另外，花蕾期和果实着色前期慎用机油乳油。

（4）气候条件：气温过高（30℃以上）或干燥（湿度低于50%）天气易产生药害，尽量避开风雨或烈日等气候条件用药。

4. 药害发生后的补救措施

（1）喷水冲洗：若叶片和植株因喷洒药液引起药害，应立即用清水冲洗，以减少植株对农药的吸收，反复冲洗3～4次，尽量把植株表面的药液冲刷掉，还可以通过浇水增加细胞的水分，从而降低植株体内药物的相对含量。

（2）中和缓解：首先要暂停使用同类药剂。如果用药发生错误，发现又较及时，可在懂药理的科技人员的指导下经水洗后进行异性中和。即酸性农药发生药害可用碱性农药中和化解，也可撒施一些生石灰或草木灰，药害较强的还用1%漂白粉溶液叶面喷施。

（3）追施速效肥料：产生药害后，一般可通过浇水并增加追肥来增强作物的长势，提高对药害的抵抗力。此外，还要叶面喷施0.3%尿素+0.2%磷酸二氢钾溶液，每隔5～7天1次，连喷2～3次，以促使植株生长，提高自身抵抗药害能力，可显著降低药害造成的损失。

（4）加强栽培管理：对受药害柑橘树可采取适量修剪，除去受害已枯死的枝叶，防止植株体内的药剂继续传导和渗透，防止枯死部分蔓延或受到感染。加强中耕松土，深度10～15厘米，改善土壤的通透性，促进根系发育，增强根系吸收水肥的能力。

四、施药安全防护

橘园施药人员应身体健康，且经过培训，具备一定的果园管理和植保知识，施药时需注意以下事项：

（1）老、弱、病、残、孕、小孩和哺乳期妇女不能接触和使用农药。

（2）使用安全的施药器械（具）：在喷雾前，应检查喷药器械是否完好。是否有"跑、冒、滴、漏"现象，不要用嘴去吹堵塞的喷头，应用牙签、草秆或水来疏通喷头。喷雾器中的药液不要装得太满，以免药液溢漏，污染皮肤和衣物，施药场所应备有足够的水、清洗剂、急救药箱、修理工具等。

（3）施药时要穿戴防护衣具：如帽、口罩、眼镜、橡皮手套、塑料雨衣、长筒鞋等防止药液沾上或吸入造成中毒。如果没有，至少应穿长衣、长裤、戴帽子、手套等，施用高毒农药时应戴护目镜、面罩，防止农药进入眼睛、接触皮肤或吸入体内。施药期间不准进食、饮水、吸烟等。

（4）注意施药时的安全：把握喷药时间，注意天气条件，大雾、大风、高温和下雨天，作物上有露水时不得喷施农药，不要逆风施药，否则会造成农药大量流失和飘移，并容易发生人员中毒事故；每次施药时间不要超过4小时。

（5）施药后做好安全警示：告知无关人员不要靠近或进入施药现场，尤其是熏蒸施药现场，以免对人产生毒害。施药后要用肥皂洗澡、洗衣，注意将防护用品和其他衣物分开清洗。不要在河流、小溪、池塘、井边施药，以免污染水源。

（6）施药人员如有头痛、乏力、头昏、恶心、呕吐、皮肤红肿等中毒症状时，应立即离开施药现场，脱去被农药污染的衣服，漱口，擦洗手、脸和皮肤等暴露部位，及时送医院救治。

第六章 柑橘病虫害防治月历

根据湖北、赣南、湘南、桂北等华中柑橘主产区病虫害年度发生规律和季节特点，结合防治实践编制下列柑橘主要病虫害防治月历，以供参考。由于我国地域广，气候变化大，柑橘病虫害种类多样，不同地区物候期对应的月份不尽相同，不同地区，甚至同一地区不同年份病虫为害种类不同，因此应根据当地实际发生为害种类及防治指标选择性地采取相应防治措施。

11月柑橘采收后至翌年2月

物候期：休眠期、花芽分化期。

防治对象：黄龙病、溃疡病、炭疽病、黑点病、煤烟病、柑橘螨类、柑橘木虱、蚧类等越冬害虫，柑橘潜叶甲和恶性叶甲（浙南闽西粤东等地）。

防治措施：

（1）结合冬季修剪，剪除病虫枝叶，抹除晚秋梢，清除枯枝落叶、落果、杂草并集中处理，减少病害初侵染源和虫害基数。

（2）黄龙病流行区，采果后清园喷药，消灭木虱成虫后检查并挖出病树，春梢萌动抽发和越冬成虫产卵前，喷施菊酯类等广谱性农药，药剂可选择10%吡虫啉可湿性粉剂1 500～2 000倍液，或25%噻虫嗪水分散粒剂4 000～5 000倍液等。

（3）喷1～2次0.5～0.8波美度石硫合剂或者10%苯醚甲环唑水分散剂1 000倍液防治溃疡病、黑点病、疮痂病和炭疽病。

（4）实蝇、花蕾蛆等发生重的柑橘园翻耕园土，严重时用5%辛硫磷颗粒剂0.5千克/亩撒施，消灭地表和土中的越冬害虫。

（5）清除天牛及吉丁虫为害枝，严重时挖除柑橘树并烧毁。

（6）蚧类、螨类和煤烟病等特别严重的柑橘园冬、春季清园用晶体石硫合剂或1波美度石硫合剂喷施树冠1～2次，或用73%克螨特乳油800～1 200倍＋95%机油乳剂150～200倍液清园。

压低螨类、蚧类越冬虫口基数。

（7）摘除含卵叶片，利用柑橘潜叶甲和恶性叶甲假死性，在橘园铺上薄膜，剧烈摇动树干，使成虫坠落至薄膜上，迅速收集成虫杀死。

3月

物候期：春梢萌发、生长期。

防治对象：黄龙病、溃疡病、炭疽病、褐斑病、疮痂病、绿霉病（重庆、鄂西湘西）、青霉病（重庆、鄂西湘西）、柑橘螨类、花蕾蛆、柑橘木虱、橘小实蝇（浙南闽西粤东地区）、柑橘瘿螨（长江上中游地区）。

防治措施：

（1）黄龙病流行区，对于已经出现柑橘木虱的橘园，芽长1厘米左右时根据柑橘木虱发生动态喷施1~2次化学农药或柑橘木虱病原真菌（桔形被毛孢、玫烟色棒束孢）等微生物农药防治柑橘木虱，药剂可选10%吡虫啉可湿性粉剂1 500 ～ 2 000倍液、25%噻虫嗪水分散粒剂4 000 ～ 5 000倍液、2%阿维菌素乳油2 000倍液、15%啶虫脒·氯氰菊酯乳油2 500倍液、10%联苯菊酯乳油2 000 ～ 3 000倍液、2.5%高效氟氯氰菊酯水乳剂1 500 ～ 2 500倍液、21%噻虫嗪悬浮剂3 370 ～ 4 200倍液等。

（2）继续剪除溃疡病枝叶。疮痂病或褐斑病流行的橘园，芽长1 ～ 2毫米时喷药防治，药剂可选80%代森锰锌可湿性粉剂600 ～ 800倍液、25%嘧菌酯悬浮剂1 500倍液、70%代森联干悬浮剂500 ～ 700倍液、10%苯醚甲环唑水分散粒剂2 000 ～ 2 500倍液。

（3）芽长1 ～ 2毫米时喷药1次防炭疽病，隔2周后再喷1次，药剂可用80%代森锰锌可湿性粉剂600倍液或50%退菌特可湿性粉剂500 ～ 600倍液。

（4）橘园行间人工除草后种植藿香蓟、白三叶、圆叶决明、黑麦草、马唐、百喜草、高羊茅、豆类等间作植物，改善橘园生态环境。

（5）释放胡瓜钝绥螨等捕食螨进行生物防治；在红蜘蛛、黄蜘蛛为害严重的橘园，当螨口密度分别达2～3头/叶和1～2头/叶时喷药防治，药剂主要有5%噻螨酮乳油1 200～1 500倍液、20%四螨嗪悬浮剂1 000～1 500倍液、1.8%阿维菌素乳油2 000～3 000倍液、5%噻螨酮乳油1 500倍液、24%季酮螨酯悬浮剂4 000～6 000倍液、30%嘧螨酯悬浮剂4 000～5 000倍液、24%螺螨酯水乳剂4 000～5 000倍液、20%哒螨灵可湿性粉剂2 000～2 500倍液、0.3%绿晶印楝素乳油1 000倍液、0.3%苦参碱水剂500～800倍液、24%螺虫乙酯悬浮剂2 000～3 000倍液、11%乙螨唑悬浮剂5 000～7 000倍液等。

（6）花蕾蛆发生为害橘园，花蕾顶端开始露白前的3～5天，应进行地面喷药防治成虫出土。发生严重的成年果园应全园地面喷药，零星树和幼年树只在树冠下及其周围以外约70厘米范围内喷施。药剂主要有50%辛硫磷或48%毒死蜱乳油1 000～2 000倍液、90%敌百虫晶体800倍液、2.5%溴氰菊酯乳油2 000～3 000倍液，隔3～5天1次，连续2～3次。

4月

物候期：春梢生长期，现蕾开花期。

防治对象：溃疡病、炭疽病、柑橘木虱、红蜘蛛、粉虱、蚜虫、蓟马、花蕾蛆、爆皮虫、天牛、卷叶蛾、金龟子、象鼻虫和尺蠖。

防治措施：

（1）溃疡病、疮痂病或褐斑病发生橘园，春梢展叶后至开花前喷杀菌剂防治，药剂可选用0.5%～0.8%等量式波尔多液或77%氢氧化铜可湿性粉剂400～600倍液、25%嘧菌酯悬浮剂1 500倍液、20%吡唑醚菌酯乳油3 000倍液、30%唑醚·戊唑醇或苯甲·吡唑醚悬浮剂2 000～3 000倍液、50%异菌脲可湿性粉剂1 500倍液。

（2）此时是红蜘蛛、黄蜘蛛重点防治期，应经常调查螨情，当螨口密度达到1～2头/叶时及时喷药防治（药剂同3月）。

（3）在蚜虫发生重的橘园，嫩梢有蚜率达50%以上时可树冠喷药防治，药剂可选用10%吡虫啉可湿性粉剂2 500～4 000倍液。

在成虫盛发期，采用黄板诱杀。

（4）在粉虱发生重的橘园，在成虫盛发期，采用黄板诱杀，可喷施粉虱座壳孢菌制剂，或悬挂有座壳孢菌的枝叶，或将带有座壳孢菌的橘叶捣碎加水稀释过滤后喷雾，当有虫叶率达10%时，可于一至二龄若虫高峰期用药防治，药剂可选用松脂合剂18～20倍液、25%扑虱灵可湿性粉剂1 200～1 500倍液、10%吡虫啉可湿性粉剂3 000倍液或5%啶虫脒乳油1 000～2 000倍液等防治。

（5）现蕾期，对花蕾蛆较多的橘园，在成虫出土前覆盖地膜，闷死成虫于地表，或在柑橘花蕾似绿豆大小或始露白期地面撒药，每亩选用辛硫磷乳油150～200克拌细土20～25千克均匀撒施地面，杀灭羽化出土的花蕾蛆成虫；蕾顶露白期可选用90%敌百虫、80%敌敌畏乳油800倍液进行树冠喷雾，防止花蕾蛆成虫产卵，兼治恶性叶甲，初花期摘除蛆花，集中园外深埋。

（6）中下旬用浸有药液的稀黄泥涂抹树干和大枝，防治羽化后的爆皮虫成虫，药剂可选用80%敌敌畏乳油10～20倍液等。

（7）在金龟子、象鼻虫为害区，可在树冠下地面铺薄膜，轻摇树枝，然后把落地的金龟子、象鼻虫集中处理，或用黑光灯诱杀，或悬挂象鼻虫诱卵装置诱杀，或树冠喷施5%啶虫脒乳油2 000倍液。

（8）在柑橘开花至幼果期加强监测蓟马，可用蓝板监测和诱杀，在盛花期或谢花后有5%～10%花或幼果有虫或幼果直径达1.8厘米、20%的果实有虫时，即应开始施药防治。可以喷洒10%吡虫啉可湿性粉剂2 500～4 000倍液、2.5%溴氰菊酯乳油2 500～3 500倍液、1.8%阿维菌素乳油4 000～6 000倍液或90%敌百虫晶体800～1 500倍液等进行防治。

5月

物候期：谢花期至第一次生理落果期。

防治对象：溃疡病、疮痂病、灰霉病、黄斑病、树脂病（鄂西、湘西地区）黑点病、炭疽病、红蜘蛛、蚧类、爆皮虫、天牛、

蚜虫、粉虱类、潜叶蛾、卷叶蛾、凤蝶。

防治措施：

（1）幼果期喷一次药防溃疡病，药剂可选0.5%～0.8%倍量式波尔多液、77%氢氧化铜可湿性粉剂800倍液、72%农用链霉素可溶性粉剂2 500倍液等。

（2）合理施肥，高温干旱时注意抗旱和防灼伤，雨季注意排水；根据虫口密度，视天气情况每隔10～15天左右喷1次治螨药剂，连喷2～3次，尤其对往年发病重的果园要喷足3次，药剂如上。

（3）蚧类为害严重的橘树或橘园，先剪除被害严重的枝叶集中处理，然后在若虫高峰期，喷施95%机油乳剂100～200倍液、48%毒死蜱乳油、1.8%阿维菌素乳油1 600～1 800倍液。

（4）在天牛、吉丁虫为害区，人工捕杀天牛和毒杀吉丁虫成虫：闷热的晴天中午捕捉星天牛成虫，黄昏6时至晚上10时用灯火捕捉褐天牛成虫。毒杀爆皮虫成虫可用80%敌敌畏或48%毒死蜱乳油1 000～2 000倍液喷施树冠。在天牛产卵期间，用40%乐果乳油100～200倍液喷施树的主干、主枝（1.5米以下产卵部位），防治天牛效果明显。

（5）在卷叶蛾为害重的橘园，捕捉卷叶蛾幼虫并摘除叶片上的卵块，用2.5%溴氰菊酯乳油4 000倍液或Bt乳剂800倍液进行树冠喷雾。

（6）在蜡蝉为害区，于盛发期，趁雨后或露水未干时，用扫帚扫落成、若虫，随即踏杀，在低龄若虫高峰期可用80%敌敌畏乳油1 000倍液防治。

6月

物候期：夏梢抽生期至第二次生理落果期。

防治对象：黄龙病、溃疡病、黑点病、炭疽病、柑橘红蜘蛛、柑橘木虱、柑橘黄蜘蛛、粉虱类、矢尖蚧、蚜虫、爆皮虫、天牛、潜叶蛾、卷叶蛾、柑橘大实蝇、锈壁虱。

防治措施：

（1）摘除夏梢，减少病虫害发生。黄龙病流行区，田间监测木虱，必要时，及时喷药防治。

（2）溃疡病发病高峰期，7～10天喷1次药，连续2～3次。大风雨过后，树上水刚干后立即喷药防治溃疡病。

（3）根据田间黑斑病、黑点病、炭疽病发生流行情况，每隔10～15天左右喷1次药防黑斑病、黑点病、炭疽病，可用80%代森锰锌可湿性粉剂600倍液和70%甲基硫菌灵可湿性粉剂1 000倍混合使用或交替使用喷雾。

（4）根据虫口密度，参照上述防治指标及方法继续防治矢尖蚧、蚜虫、爆皮虫、卷叶蛾、粉虱。

（5）螨类为害严重的果园需再次喷药，选用对天敌杀伤力小的药剂挑治，药剂可选用0.4波美度石硫合剂、20%哒螨灵可湿性粉剂2 500～3 000倍液、矿物油乳油150～200倍液、0.3%印楝素乳油800倍液或苦参碱水剂800倍液树冠喷雾。

（6）当锈壁虱为害出现一个黑果或有螨果率5%～10%时，应喷药防治，若遇大雨或阴雨天气可不喷药。药剂可选用50%苯丁锡3 000倍液、73%克螨特乳油3 000倍液或0.3波美度石硫合剂，干旱时可适当灌水以减轻锈壁虱为害，为保护利用天敌尽量避免使用铜制剂。

（7）潜叶蛾为害较重的橘园或苗圃，结合肥水、栽培管理措施进行抹芽控梢，以集中放梢，必要时（虫叶率5%以上）喷药防治，药剂可选用1.8%阿维菌素乳油3 000倍液、48%毒死蜱乳油1 000～2 000倍液或2.5%溴氰菊酯乳油1 500～2 500倍液等。

（8）天牛成虫羽化盛期，晴天在枝梢与枝叶稠密处，傍晚在树干基部，人工捕捉成虫。对有虫粪的树，用钢丝钩杀天牛幼虫。剪除被天牛为害的枝梢并烧毁。

（9）在实蝇发生区，开展橘大实蝇联防，可悬挂实蝇诱捕器配合性诱剂诱杀，或用90%敌百虫晶体、48%毒死蜱乳油1 000倍液加3%糖醋液混合挂瓶诱杀成虫或进行树冠喷雾，每7～10天1次，连续2～3次，并用甲基丁香酚诱剂监测橘小实蝇。

（10）在吸果夜蛾为害区，铲除吸果夜蛾中间（幼虫）寄主

（木防己、汉防己、木通、通草等）。

7月

物候期：果实膨大期、夏梢期。

防治对象：溃疡病、黑点病、黑斑病、炭疽病、蚧类、锈壁虱、柑橘木虱、潜叶蛾、蚜虫、卷叶蛾、柑橘大实蝇、爆皮虫、天牛、粉虱类、凤蝶。

防治措施：

（1）黄龙病流行区，根据田间木虱种群动态，必要时，喷药防治。

（2）梅雨季结束后，喷1次80%代森锰锌可湿性粉剂600倍或50%咪鲜胺可湿性粉剂1 500倍液防治黑斑病、黑点病、炭疽病。

（3）根据虫口密度，参照上述方法继续防治锈壁虱、粉虱类、潜叶蛾、大实蝇（实蝇发生区），并用甲基丁香酚诱剂监测橘小实蝇。

（4）7月中下旬为第二代矢尖蚧防治时期，重点防治果实上的矢尖蚧，可喷施48%毒死蜱乳油1 000倍液、10%吡虫啉可湿性粉剂2 000倍液。

（5）螨类为害严重的橘园喷施0.3～0.4波美度石硫合剂或48%毒死蜱乳油1 000倍液防治。

（6）在受椿象为害的果园，若虫期用80%敌敌畏乳油1 000倍液喷雾，早晨露水未干时捕杀成虫，摘除虫卵。

（7）枝干上出现小流胶点时，用48%毒死蜱乳油20～25倍液涂抹流胶处，杀死爆皮虫幼虫，或用小刀削去流胶点树皮，削除幼虫。

（8）发现树干基部有新鲜虫粪时，及时用粗铁丝将虫道内的虫粪清除后进行钩杀，后用脱脂棉球蘸80%敌敌畏乳油5～10倍液塞入虫孔内，以毒杀天牛幼虫。

（9）在凤蝶严重发生区，人工摘除凤蝶卵粒，捕捉幼虫。

8月

物候期：果实膨大期至秋梢抽生期。

防治对象：黄龙病、溃疡病、黑点病、炭疽病、树脂病、疮痂病（陕南、鄂西、湘西地区）、锈壁虱、潜叶蛾、红蜘蛛、柑橘木虱、柑橘大实蝇、天牛、蓑蛾、凤蝶、蚧类、粉虱类、蚜虫、蜡蝉。

防治措施：

（1）黄龙病发生区，抹去零星夏秋梢，统一放秋梢，芽长1厘米左右时根据木虱发生动态，必要时喷施1～2次化学农药或柑橘木虱病原真菌（桔形被毛孢、玫烟色棒束孢）等微生物农药防治柑橘木虱，同时施促梢肥。

（2）暴风雨过后，及时清除夏梢枝叶上的溃疡病病源，喷药保护秋梢。陕南地区，雨季注意开沟排渍，防止积水烂根；剪除零星发生的受病虫为害严重的枝叶，集中深埋或烧毁，减少脂点黄斑病、炭疽病、黑点病的发生。药剂可选用甲基硫菌灵、多菌灵、溴菌腈、中生菌素、宁南霉素、毒克菌克等。

（3）根据虫口密度，参照上述方法继续防治锈壁虱、粉虱、蜡蝉、大实蝇（实蝇发生区），并用甲基丁香酚诱剂监测诱杀橘小实蝇。

（4）在秋季可保护天敌、释放捕食螨防控害螨，即使每叶有害螨7～8头，但天敌与害螨之间益、害比达1∶20左右时，进行监测可暂缓施药，当每叶有害螨10头以上时参照上述方法喷药防治。

（5）中下旬注意锈壁虱的防治。

（6）在凤蝶为害橘园，秋梢期人工摘除凤蝶卵和捕杀幼虫，药剂可用90%敌百虫晶体、80%敌敌畏乳油1 000倍液、2.5%溴氰菊酯或10%氯氰菊酯乳油2 000～3 000倍液。

（7）幼树秋梢抽生时，保护嫩梢，防治潜叶蛾，在潜叶蛾为害严重的橘园参照上述方法喷药防治。

（8）钩杀或毒杀天牛幼虫，摘除蓑蛾袋集中烧毁。

9月

物候期：果实膨大期（早熟品种成熟期），秋梢生长期。

防治对象：溃疡病、红蜘蛛、锈壁虱、蚧类、天牛、潜叶蛾、卷叶蛾、凤蝶、吸果夜蛾、蜗牛、桃蛀螟、粉虱。

防治措施：

（1）检查及剪除溃疡病病枝、病叶，喷药保秋梢。

（2）根据虫口密度，参照上述方法继续防治红蜘蛛、锈壁虱、粉虱、卷叶蛾。

（3）人工捕杀或放鸡鸭啄食蜗牛，捕杀天牛成虫和毒杀幼虫。

（4）在蟥类为害的柑橘园，在低龄若虫高峰期可用80%敌敌畏乳油700～1 000倍液、20%杀灭菊酯乳油2 000～3 000倍液喷药防治，用松碱合剂防治蚧类时可兼治。

（5）在实蝇发生区，尽早摘除树上的虫果、蛆果，捡拾地上的落果，集中处理销毁，并用甲基丁香酚诱剂监测橘小实蝇。

（6）在介壳虫、粉虱类发生较重的果园需用药剂防治，可选用噻虫嗪或5%啶虫脒乳油2 000倍液或矿物油乳油150～200倍液或25%噻嗪酮可湿性粉剂1 000倍液。

（7）桃蛀螟为害果园，捡拾地面落果深埋或沤肥，可消灭果内幼虫。在卵孵化盛期，可用25%灭幼脲悬浮剂2 000倍液、90%敌百虫晶体1 000倍液，20%甲氰菊酯或2.5%三氟氯氰菊酯乳油40毫升、75%硫双威可湿性粉剂66.7～100毫升等对水100升喷雾。

（8）在吸果夜蛾、桃蛀螟为害果园，用黑光灯、频振式诱虫灯或糖醋液诱杀其成虫。

10～11月

物候期：果实成熟期。

防治对象：绿霉病、蒂腐病和酸腐病、软腐病（陕南地区）、红蜘蛛、锈壁虱、吸果夜蛾、天牛、桃蛀螟。

防治措施：

（1）采果后，结合深翻改土，增施有机肥，补充养分，恢复树势，防寒防冻，提高抗病力。采果后树冠喷药防治炭疽病、树脂病、软腐病，可选药剂有：多菌灵·硫黄、中生菌素、嘧啶核苷类抗菌素等。

（2）连续晴天、露水干后采摘；轻摘轻放，避免挤压及受伤，剔除病果和虫伤果；用22.5%抑霉唑乳油750倍液混合40%双胍辛胺乙酸盐可湿性粉剂1 500倍液，或25%咪鲜胺乳油750倍液混合

40%双胍辛胺乙酸盐可湿性粉剂1 500倍液浸果1分钟，捞起晾干。

（3）根据虫口密度，参照上述方法继续防治螨类、吸果夜蛾、天牛、爆皮虫。

（4）在实蝇发生区，继续摘除树上的虫果、蛆果，捡拾地上的落果，集中处理销毁。

（5）利用灯光诱捕吸果夜蛾成虫，也可用红糖、醋各50克、90%敌百虫晶体25克对水1千克，配制毒液，诱杀成虫。

11月至翌年3月

物候期：果实储藏期。

防治对象：绿霉病和青霉病。

防治措施：

储藏前做好储藏库的消毒：用1%～2%福尔马林或4%漂白粉溶液喷洒，或5～10克/米³硫黄粉熏蒸，或40毫克/米³臭氧消毒，密闭24～48小时后通风排尽残药，并清除异味，储藏期间控制好库温和通风。

附录 柑橘病虫草害防治常用农药信息

类别	农药 通用名	毒性	剂型及含量	主要防治对象	施用量	施用方法	安全间隔期	备注
杀虫剂	多杀霉素	微毒	0.02%饵剂	橘小实蝇	0.26~0.37克/公顷	点喷投饵	7	生物源农药
杀虫剂	阿维菌素*	低毒（原药高毒）	1.8%乳油	锈壁虱、潜叶蛾、凤蝶、红蜘蛛	4 000~5 000倍液	喷雾	14	生物源农药
杀虫剂	苯丁锡	低毒	50%可湿性粉剂	红蜘蛛、黄蜘蛛、锈壁虱	2 000~3 000倍液	喷雾	21	因药效作用发挥较慢，须根据虫情预测预报提前用药
杀虫剂	吡虫啉	低毒	10%可湿性粉剂	蚜虫、潜叶蛾、叶蝉、木虱、粉虱	1 000~2 000倍液	喷雾	14	氯代烟碱类，收获前1周禁止用药
杀虫剂	吡螨胺	低毒	10%可湿性粉剂	红蜘蛛	2 000~3 000倍液	喷雾	14	推荐浓度20~200毫克/升，对螨类各生长期均有速效和高效，持效期长

（续）

类别	农药通用名	毒性	剂型及含量	主要防治对象	施用量	施用方法	安全间隔期	备注
杀虫剂	除虫脲*	低毒	20%悬浮剂	潜叶蛾	1 500~3 000倍液	喷雾	35	施药应掌握在幼虫低龄期，宜早期使用
杀虫剂	哒螨灵*	低毒	15%乳油	红蜘蛛、黄蜘蛛、锈壁虱	1 500~2 000倍液	喷雾	20	一年最好只使用一次
杀虫剂	敌百虫*	低毒	90%晶体	椿象	800~1 000倍液	喷雾	28	在食用植物上使用，应在采收前7~10天施用
杀虫剂	定虫隆	低毒	5%乳油	潜叶蛾	1 000~2 000倍液	喷雾	35	对害虫药效高，但药效较慢，一般5~7天后发生药效
杀虫剂	啶虫脒*	低毒	3%乳油	蚜虫、潜叶蛾	3 000~5 000倍液，1 500~2 500倍液	喷雾	14,30	对有机磷、氨基甲酸酯、以及拟除虫菊酯类等农药产生抗药性的害虫具有较好效果
杀虫剂	伏虫隆	低毒	5%乳油	潜叶蛾	1 000~2 000倍液	喷雾	30	可抑制幼龄期昆虫的发育，阻碍蜕皮
杀虫剂	氟虫脲*	低毒	5%乳油	红蜘蛛、黄蜘蛛、锈壁虱、潜叶蛾	1 000~2 000倍液	喷雾	30	几丁质合成抑制剂，有很好的持效作用
杀虫剂	华光霉素	低毒	2.5%可湿性粉剂	红蜘蛛、黄蜘蛛、锈壁虱	400~600倍液	喷雾	15	生物源农药，发生早期使用

（续）

类别	农药		剂型及含量	主要防治对象	施用量	施用方法	安全间隔期	备 注
	通用名	毒性						
杀虫剂	机油乳剂*	低毒	95%乳油	红蜘蛛、黄蜘蛛、锈壁虱、介壳虫	50～200倍液	喷雾	15	矿物源农药，花蕾期至第二次生理落果前和成熟果冬季不用药，有冻害地区冬季不用药
杀虫剂	苦参碱	低毒	0.36%水剂	红蜘蛛、黄蜘蛛、尺蠖、蚜虫	400～600倍液	喷雾	15	植物源农药
杀虫剂	浏阳霉素	低毒	10%乳油	红蜘蛛、黄蜘蛛、锈壁虱	1 000～2 000倍液	喷雾	15	生物源农药
杀虫剂	硫黄	低毒	50%悬浮剂	红蜘蛛、黄蜘蛛、锈壁虱	200～400倍液	喷雾	15	不与矿物油混用，也不能在其后施用
杀虫剂	灭幼脲	低毒	25%悬浮剂	潜叶蛾	1 000～2 000倍液	喷雾	30	在二龄前幼虫期进行防治效果最好，施药3～5天后药效才明显
杀虫剂	炔螨特*	低毒	40%	红蜘蛛	1 500～2 000倍液	喷雾	30	25厘米以下嫩梢期的柑橘不应低于2 000倍的浓度
杀虫剂	噻螨酮	低毒	5%可湿性粉剂	红蜘蛛、黄蜘蛛	1 500～2 000倍液	喷雾	30	在螨卵孵化至幼、若螨盛发期进行防治
杀虫剂	噻嗪酮*	低毒	25%可湿性粉剂	矢尖蚧、粉虱	1 000～2 000倍液	喷雾	35	

（续）

| 类别 | 农药 | | 剂型及含量 | 主要防治对象 | 施用量 | 施用方法 | 安全间隔期 | 备注 |
	通用名	毒性						
杀虫剂	石硫合剂*	低毒	45%结晶	叶螨、锈壁虱、介壳虫	早春180～300倍液，晚秋300～500倍液	喷雾	15	30℃以上降低浓度和施药次数
杀虫剂	四螨嗪	低毒	20%悬浮剂	红蜘蛛、黄蜘蛛、锈壁虱	1500～2000倍液	喷雾	30	胚胎发育抑制剂，一般在开花前后各施1次
杀虫剂	苏云金杆菌	低毒	100亿个/毫升乳剂	凤蝶、尺蠖	500～1000倍液	喷雾	15	生物源农药
杀虫剂	辛硫磷*	低毒	50%乳油	花蕾蛆、恶性叶甲	200～800倍液	地面和树冠喷雾	15	傍晚进行
杀虫剂	溴螨酯*	低毒	50%乳油	红蜘蛛、黄蜘蛛、锈壁虱	2000～3000倍液	喷雾	14	残效期长、毒性低、对成、若螨和卵均有一定杀伤作用
杀虫剂	烟碱	低毒	10%乳油	蚜虫	500～800倍液	喷雾	15	植物源农药
杀虫剂	乙酰甲胺磷	低毒	20%乳油	螨、介壳虫	500～1000倍液	喷雾	14	
杀虫剂	鱼藤酮	低毒	2.5%乳油	蚜虫、尺蠖、凤蝶	200～500倍液	喷雾	15	植物源农药

（续）

类别	农药通用名	毒性	剂型及含量	主要防治对象	施用量	施用方法	安全间隔期	备注
杀虫剂	苯螨醚	中毒	5%乳油	红蜘蛛、黄蜘蛛、锈壁虱	1 000～2 000倍液	喷雾	30	其具有较强的触杀作用，击倒作用，对成螨和若、幼螨均有较好的活性，对卵亦有活性
杀虫剂	单甲脒	中毒	25%水剂	红蜘蛛、黄蜘蛛、锈壁虱	800～1 200倍液	喷雾	21	22℃以上药效好
杀虫剂	稻丰散	中毒	50%乳油	矢尖蚧、蜡蚧、褐圆蚧、柑橘蓟马、柑橘潜叶蛾	1 000～1 500倍液	喷雾	30	不能与碱性农药混用
杀虫剂	敌敌畏	中毒	80%乳油	柑橘潜叶甲、卷叶蛾、天牛、吉丁虫	500～1 500倍液，5～10倍液	喷雾，药棉塞虫孔、注射器虫孔灌药	21	喷雾一般使用800～1 000倍液
杀虫剂	氟氯氰菊酯	中毒	30%乳油	凤蝶、尺蠖、潜叶蛾、卷叶蛾	6 000～12 000倍液	喷雾	30	不能与碱性药物混用
杀虫剂	甲氧菊酯	中毒	20%乳油	凤蝶、尺蠖、蚜虫、卷叶蛾、兼治卷叶螨	2 000～3 000倍液	喷雾	30	低温时使用效果好
杀虫剂	抗蚜威	中毒	50%可湿性粉剂	蚜虫	1 000～2 000倍液	喷雾	8	口服毒性中等，皮肤接触为低毒

（续）

| 类别 | 农 药 | | | 主要防治对象 | 施用量 | 施用方法 | 安全间隔期 | 备 注 |
	通用名	毒性	剂型及含量					
杀虫剂	克螨特	中毒	73%乳油	红蜘蛛、黄蜘蛛、锈壁虱	2 000 ~ 3 000 倍液	喷雾	30	对嫩梢有药害，7月份过后以后使用 不超过2 500倍液
杀虫剂	喹硫磷*	中毒	25%乳油	介壳虫	600 ~ 1 000 倍液	喷雾	28	有机磷杀虫剂
杀虫剂	氯氟氰菊酯	中毒	25%乳油	凤蝶、潜叶蛾、卷叶蛾、蚜虫，兼治叶螨	2 500 ~ 3 000 倍液	喷雾	21	
杀虫剂	氯氰菊酯	中毒	10%乳油	凤蝶、潜叶蛾、卷叶蛾	2 000 ~ 4 000 倍液	喷雾	30	无内吸作用，对害虫天敌杀伤力强，特别适宜防治蔬菜果上的蚜虫
杀虫剂	三唑锡*	中毒	25 % 可湿性粉剂、20%悬浮剂	红蜘蛛、黄蜘蛛、锈壁虱	1 000 ~ 2 000 倍液，1 500 ~ 2 000 倍液	喷雾	30	对嫩梢有药害
杀虫剂	杀螟丹*	中毒	50%可溶性粉剂	潜叶蛾	1 000 倍液	喷雾	21	对蚕、鱼有毒
杀虫剂	双甲脒*	中毒	20%乳油	红蜘蛛、黄蜘蛛、锈壁虱、介壳虫	1 000 ~ 1 500 倍液	喷雾	21	20℃以下药效低，作用较慢

（续）

类别	农药 通用名	农药 毒性	剂型及含量	主要防治对象	施用量	施用方法	安全间隔期	备注
杀虫剂	顺式氯氰菊酯	中毒	10%乳油	凤蝶、尺蠖、卷叶蛾、潜叶蛾	2 000~4 000倍液	喷雾	7	在碱性条件下易分解
杀虫剂	溴氰菊酯	中毒	2.5%乳油	凤蝶、尺蠖、蚜虫、卷叶蛾	1 250~2 500倍液	喷雾	28	不能和碱性农药混用
杀虫剂	唑螨酯	中毒	5%悬浮液	红蜘蛛、黄蜘蛛	1 000~2 000倍液	喷雾	15	对幼螨活性最高,且持效期长
杀虫剂	丁硫克百威	中毒	20%乳油	锈壁虱、蚜虫、潜叶蛾	1 000~2 000倍液	喷雾	15	氨基甲酸酯类杀虫剂
杀菌剂	百菌清*	低毒	75%可湿性粉剂	疮痂病、沙皮病、黑点病	800~1 000倍液	喷雾	15	对鱼类有毒,不要与石灰硫黄合剂混用
杀菌剂	波尔多液*	低毒	86%水分散粉剂	溃疡病、疮痂病、黑斑病、褐斑病、脂点黄斑病	0.5%等量式	喷雾	15	一般呈碱性,有良好的黏附性能
杀菌剂	春雷霉素	低毒	4%可湿性粉剂	脚腐病、流胶病、树脂病	15×10^{-6} ~ 50×10^{6}克/毫升	喷雾	15	
杀菌剂	代森铵	低毒	50%水剂	炭疽病、白粉病、溃疡病、立枯病	500~800倍液	喷雾	21	应与氧化剂、酸类、碱类分开存放,切忌混储

（续）

类别	农 药		剂型及含量	主要防治对象	施用量	施用方法	安全间隔期	备 注
	通用名	毒性						
杀菌剂	代森锰锌*	低毒	80%可湿性粉剂	黑点病、疮痂病、黑斑病、炭疽病、脂点黄斑病、锈壁虱	600～800倍液	喷雾	30	一般作叶面喷洒，隔10～15天喷1次
杀菌剂	代森锌	低毒	80%可湿性粉剂	炭疽病、锈壁虱	600～800倍液	喷雾	21	保护性有机硫杀菌剂
杀菌剂	多菌灵*	低毒	50%可湿性粉剂	炭疽病、疮痂病、黑斑病、青霉病、绿霉病	500～1 000倍液	喷雾	30	可用于叶面喷雾、种子处理和土壤处理
杀菌剂	多氧霉素*	低毒	10%可湿性粉剂	黑斑病	1 000～1 500倍液	喷雾	15	不仅能治病，而且能刺激植物生长
杀菌剂	络氨铜	低毒	14%水剂	溃疡病、炭疽病、疮痂病、黑斑病	300～500倍液	喷雾	15	作叶面喷雾时，使用浓度不能高于400倍液，以免发生药害
杀菌剂	甲基硫菌灵	低毒	70%可湿性粉剂	炭疽病、疮痂病、黑斑病、脂点黄斑病	1 000～1 500倍液	喷雾	30	药剂进入植物体内后能转化成多菌灵，故也属苯并咪唑类，使用时不能与铜制剂混用
杀菌剂	甲霜灵	低毒	25%可湿性粉剂	脚腐病、立枯病	100～200倍液、200～400倍液	涂抹划伤后的病斑、喷雾	21	可内吸进入植物体内，水溶性比一般杀菌剂高得多

（续）

类别	农药			主要防治对象	施用量	施用方法	安全间隔期	备注
	通用名	毒性	剂型及含量					
杀菌剂	嘧啶核苷类抗菌素	低毒	2%水剂	白粉病、炭疽病	200倍液	喷雾	15	浓度以100～200毫克/千克为宜
杀菌剂	链霉素	低毒	72%可溶性粉剂	溃疡病	1 000～2 000倍液	喷雾	15	微生物源杀细菌剂，可有效防治植物细菌病害
杀菌剂	咪鲜胺*	低毒	25%乳油	青霉病、绿霉病、蒂腐病、黑腐病	500～1 000倍液	浸果	7	浸湿后取出储藏
杀菌剂	棉隆	低毒	75%可湿性粉剂,95%原粉	线虫、立枯病	3.2～4.8千克加水75升、30～50克/米²	沟施、毒土、撒土、施面	120	施于潮湿的土壤中时，在土壤中分解成有毒的异硫氰酸甲酯，甲醛和硫化氢等，特别适合于多年连茬种植的土壤
杀菌剂	氢氧化铜*	低毒	77%可湿性粉剂	溃疡病、炭疽病、疮痂病、黑斑病	400～600倍液	喷雾	30	仅限于阻止孢子萌发，也即仅有保护作用，在花期和幼果期比较敏感，不可与酸性农药混用，宜单独喷洒
杀菌剂	噻菌灵*	低毒	45%悬浮剂	青霉病、绿霉病、蒂腐病、黑腐病	300～450倍液	浸果	10	根施时能向顶传导，但不能向基传导，可作叶面喷雾
杀菌剂	噻枯唑	低毒	25%可湿性粉剂	溃疡病	500～800倍液	喷雾	21	有良好的预防和治疗作用

（续）

类别	农药		剂型及含量	主要防治对象	施用量	施用方法	安全间隔期	备注
	通用名	毒性						
杀菌剂	石硫合剂*	低毒	45%结晶	白粉病、黑斑病	早春180～300倍液，晚秋300～500倍液	喷雾	15	30℃以上或降低浓度和施药次数
杀菌剂	王铜*	低毒	30%悬浮剂	溃疡病、炭疽病、疮痂病、黑斑病	1 600～2 000倍液	喷雾	21	不能与强碱性农药混用，宜在下午4时后喷药，不能与硫代氨基甲酸酯杀菌剂混用
杀菌剂	溴菌腈*	低毒	25%乳油	炭疽病	500～800倍液	喷雾	21	应用方式灵活，叶面喷雾、种子处理和土壤灌根，都表现出较好的防效
杀菌剂	异菌脲	低毒	50%可湿性粉剂	青霉病、绿霉病	1 000倍液	浸果	4	浸湿后取出储藏
杀菌剂	噻唑锌	低毒	30%悬浮剂	溃疡病	500～750倍液	喷雾	30	
杀菌剂	春雷·王铜	低毒	50%可湿性粉剂	溃疡病	500～800倍液	喷雾	21	不能喷在嫩叶上，宜在下午4时后喷药
杀菌剂	春雷·喹啉铜	低毒	45%悬浮剂	溃疡病	1 200～1 600倍液	喷雾	21	

（续）

类别	通用名	毒性	剂型及含量	主要防治对象	施用量	施用方法	安全间隔期	备注
杀菌剂	松脂酸铜	低毒	30%乳油	溃疡病	800～1 200倍液	喷雾	10	不能与强酸、碱性农药和化肥混用；对铜离子敏感作物要慎用；大风天或降雨前后不宜施药
杀菌剂	硫酸铜钙	低毒	77%可湿性粉剂	溃疡病、疮痂病	400～800倍液	喷雾	32	不能与含有其他金属离子的药剂和微肥混合使用，也不宜与强碱性或强酸性物质混用；阴雨连绵季节或地区慎用，以免出现药害
杀菌剂	络氨铜	低毒	15%水剂	溃疡病、疮痂病	160～320倍液	喷雾	7	不能与酸性药剂混用作叶面喷雾时，使用浓度不高于400倍液，以免发生药害
杀菌剂	唑醚·代森联	低毒	60%水分散粒剂	疮痂病、黑点病、炭疽病、黑斑病、褐斑病、脂点黄斑病	750～2 000倍液	喷雾	7	不能与碱性药剂混用。在病害发生前或发生初期开始喷药效果好，且喷药应均匀周到
杀菌剂	丙森锌	低毒	70%可湿性粉剂	炭疽病、疮痂病	600～800倍液	喷雾	7	在病害发生前或病害始发期喷药，不可与铜制剂和碱性药剂混用
杀菌剂	嘧菌酯	低毒	50%水分散粒剂	黑点病、炭疽病、疮痂病、褐斑病、黑斑病	1 500～2 000倍液	喷雾	10	不能与杀虫剂乳油，尤其是有机磷类乳油混用，也不能与有机硅类增效剂混用

（续）

类别	农 药		剂型及含量	主要防治对象	施用量	施用方法	安全间隔期	备 注
	通用名	毒性						
杀菌剂	肟菌·戊唑醇	低毒	75%水分散粒剂	疮痂病、炭疽病、黑斑病、褐斑病、脂点黄斑病	4 000～6 000倍液	喷雾	21	对鱼高毒
杀菌剂	腈菌唑	低毒	40%水分散粒剂	疮痂病、炭疽病、黑斑病、脂点黄斑病	4 000～4 800倍液	喷雾	7	易产生抗药性，应与不同类型杀菌剂交替或混合使用。不与碱性衣药混用
杀菌剂	咪鲜胺锰盐	低毒	50%可湿性粉剂	绿霉病、青霉病、蒂腐病	1 000～2 000倍液	浸果	7	浸果前务必将药剂搅拌均匀，浸果1分钟后捞起晾干
杀菌剂	咪鲜胺	低毒	25%乳油	蒂腐病、绿霉病、青霉病、炭疽病	500～1 000倍液	浸果	14	不宜与强酸、强碱性衣药混用
杀菌剂	抑霉唑硫酸盐	低毒	75%可溶粒剂	青霉病	1 500～2 500倍液	浸果	14	
杀菌剂	双胍三辛烷基苯磺酸盐	低毒	40%可湿性粉剂	柑橘储藏期病害	1 000～2 000倍液	喷雾	14	在早春梢初见病斑时开始喷药

（续）

类别	农药 通用名	农药 毒性	剂型及含量	主要防治对象	施用量	施用方法	安全间隔期	备注
杀菌剂	双胍·咪鲜胺	低毒	42%可湿性粉剂	绿霉病、青霉病、酸腐病、炭疽病	500~750倍液	喷雾	14	
杀菌剂	吡唑醚菌酯	中毒	25%可湿性粉剂	黑点病、疮痂病、褐斑病、黑斑病	1 000~2 000倍液	喷雾	10	一般喷药3次，间隔10天喷1次药，药对鱼剧毒
除草剂	吡氟禾草灵	低毒	35%乳油	禾本科杂草	67~160毫升	喷雾		不能与激素型除草剂和百草枯*混用
除草剂	吡氟乙草灵	低毒	12.5%乳油	一年生禾本科杂草	50~160毫升	喷雾		在土壤中降解迅速、残效期短，应尽量在杂草出齐后施药
除草剂	草甘膦*	低毒	10%水剂	一年生、多年生杂草	750~1 000毫升	喷雾		高温时用药效果好，喷药后4~6小时内遇雨应补喷，对作物嫩茎叶片会产生药害
除草剂	二甲戊灵	低毒	33%乳油	一年生阔叶杂草及禾本科除草草	200~300毫升	喷洒土表	芽前	对鱼有毒，防除双子叶杂草比防除单子叶杂草效果好，有机质含量低的沙质土壤不宜做苗前处理
除草剂	氟草定	低毒	20%乳油	阔叶杂草	75~150毫升/升	喷雾		杂草2~5叶期茎叶喷雾

（续）

类别	农药 通用名	毒性	剂型及含量	主要防治对象	施用量	施用方法	安全间隔期	备注
除草剂	氟乐灵	低毒	48%乳油	禾本科杂草	125~200毫升	喷雾	5~7	容易挥发，施药后应立即混土，从施药到混土不宜超过8小时，对已出土的杂草无效
除草剂	喹禾灵	低毒	10%乳油	一年生和多年生禾本科杂草	75~200毫升	喷雾		多数杂草3~5叶期喷茎、叶
除草剂	茅草枯	低毒	60%钠盐	禾本科杂草	500~1500克	喷茎、叶		药液中加适量洗衣粉增效
除草剂	稀禾定	低毒	20%乳油	禾本科杂草	85~200毫升	喷雾		施药以旱晚为宜
除草剂	乙草胺	低毒	50%乳油	禾本科杂草及阔叶杂草	40~90毫升	喷雾		阴雨天或小雨天效果更好
除草剂	莠去津	低毒	50%可湿性粉剂	一年生杂草	150~250克（沙壤土），300~400克（壤土），400~500克（黏土）	喷雾	豆类、十字花科蔬菜敏感	

注：以上附录农药信息来自中国农药信息网（http://www.chinapesticide.gov.cn/）和无公害食品　柑橘生产技术规程（NY/T 5015—2002），并随国家新标准而修订，以最新版本为准。

＊为无公害食品　柑橘生产技术规程（NY/T 5015—2002）中的常用农药，使用时优先选用低毒农药。

参考文献

邓秀新,彭抒昂,2013.柑橘学[M].北京:中国农业出版社.

刘亚茹,2016.柑橘木虱高致病性玫烟色棒束孢的固体发酵及制剂研究[D].武汉:华中农业大学.

宁红,秦蓁,2009.柑橘病虫害绿色防控技术百问百答[M].北京:中国农业出版社.

彭昌家,冯礼斌,丁攀,等,2015.四川南充柑橘病虫害绿色防控技术[J].中国果树(1):80-84.

王珊珊,陈爱娥,李宗,等,2014.高能电子束对橘小实蝇的辐照效应研究[J].核农学报,28(3):429-432.

向子钧,2006.常用新农药实用手册[M].4版.武汉:武汉大学出版社.

于法辉,夏长秀,李春玲,等,2010.不同色板对柑橘园蓟马的诱集效果及蓝板的诱捕效果[J].应用昆虫学报,47:945-949.

虞轶俊,陈道茂,陈卫民,2001.新编柑橘病虫害防治手册[M].上海:上海科学技术出版社.

袁伊旻,张宏宇,2011.6种植物提取物对橘小实蝇生物活性的影响[J].中国农学通报,27(25):188-192.

张宝棣,2001.果树病虫害发生及防治问答[M].广州:华南理工大学出版社.

张贝,郑薇薇,张宏宇,2013.田间植物对捕食螨的影响Ⅱ:地面覆盖物的影响[J].环境昆虫学报,35:673-678.

张宏宇,李红叶,2012.图说柑橘病虫害防治关键技术[M].北京:中国农业出版社.

张权炳,2004.柑橘园中常见的最主要有益生物[J].中国南方果树,33(5):24-27.

张艳璇, 林坚贞, 季洁, 2002. 利用捕食螨控制果园害螨[J]. 福建农业科技 (4): 49-50.

LI X, ZHANG M, ZHANG H, 2011.RNA interference of four genes in adult *Bactrocera dorsalis* by feeding their dsRNAs[J]. PloS one, 6(3): e17788.

NIU J Z, HULL-SANDERS H, ZHANG YX, et al., 2014.Biological control of arthropod pests in citrus orchards in China[J]. Biological Control, 68: 15-22.

PENG W, TARIQ K, XIE J, et al., 2016. Identification and Characterization of Sex-Biased MicroRNAs in *Bactrocera dorsalis* (Hendel)[J]. Plos one, 11(7): e0159591.

RAE D J, 2006. 矿物油乳剂及其应用：害虫持续控制与绿色农业[M]. 广州：广东科学技术出版社：71-80.

ZHENG W, LIU Y, ZHENG W, et al., 2015. Influence of the silencing sex-peptide receptor on *Bactrocera dorsalis* adults and offspring by feeding with ds-spr[J]. Journal of Asia-Pacific Entomology, 18(3): 477-481.